HAZOP Method and Practice

HAZOP

分析方法及实践

栗镇宇 著

化学工业出版社

·北京·

《HAZOP分析方法及实践》系统介绍了危险与可操作性研究（HAZOP）的基本概念、定性HAZOP分析方法、融入保护层概念的半定量HAZOP分析方法、对HAZOP分析报告的要求、计算机辅助HAZOP分析、过程危害分析复审，以及如何领导一个团队开展HAZOP分析工作。此外，本书还介绍了设施布置分析与人为因素分析的实践做法。本书的附录提供了开展HAZOP分析的一些基本参考资料。

《HAZOP分析方法及实践》面向的读者包括流程工业企业的技术人员和管理人员、工程设计人员、风险评估人员、政府安全监管相关人员、安全咨询服务机构的专业人员，也可以作为高等院校化工、制药、石油炼制和安全工程等专业的师生的辅助参考资料。

图书在版编目（CIP）数据

HAZOP分析方法及实践/粟镇宇著．—北京：化学工业出版社，2017.11(2024.1重印)

ISBN 978-7-122-30603-6

Ⅰ.①H… Ⅱ.①粟… Ⅲ.①石油化工设备-风险分析 Ⅳ.①TE96

中国版本图书馆CIP数据核字（2017）第221134号

责任编辑：杜进祥　　文字编辑：孙凤英

责任校对：宋　玮　　装帧设计：韩　飞

出版发行：化学工业出版社（北京市东城区青年湖南街13号　邮政编码100011）

印　　装：涿州市般润文化传播有限公司

710mm×1000mm　1/16　印张12¾　字数242千字　2024年1月北京第1版第8次印刷

购书咨询：010-64518888　　售后服务：010-64518899

网　　址：http://www.cip.com.cn

凡购买本书，如有缺损质量问题，本社销售中心负责调换。

定　　价：59.00元

FOREWORD

HAZOP 分析方法与实践

前 言

如何预防火灾、爆炸和有毒物泄漏等灾难性的事故？如何确保工艺系统持续安全运行？这是所有涉及危险化学品的流程工厂必须回答好的问题。

灾难性的事故不是由某个单一的原因造成的，而是各种复杂因素共同作用的结果，归根结底是管理上存在的某些缺陷所导致的。管理上的缺陷是造成事故的深层次的根源，它通常表现为具体管理实践上的不当和技术上的不足，这些不当与不足是导致事故的较直接的原因。

管理实践超出了本书的范畴。本书仅讨论技术上的问题。如果从技术角度看，要预防灾难性的事故，只需要完成一项工作，就是识别、消除或控制工艺系统中存在的主要危害。技术上的不足，体现在两个方面，要么是企业管理者没有认识到工艺过程中存在的主要危害，要么虽然认识到了相关的危害，但没有落实恰当的措施，来消除或控制它们。

危险与可操作性研究（也称 HAZOP 分析）是弥补技术上的不足、从技术层面上消除灾难性过程安全事故的重要工具。越来越多的人开始了解它、应用它和热心传播它。但在其实际应用中，还存在较多的问题。主要表现在两个方面：①很多企业的管理层并没有真正认识到它的作用和意义，之所以开展这项工作，主要是源自政府的要求；②管理人员和技术人员还没有真正掌握这种方法，虽然按照工作流程对工艺系统完成了分析过程，但结果却差强人意，有些主要的危害没有识别出来；或者虽然识别了，却没有提出足够的措施来消除或控制，工艺系统还是在高风险水平上运行，事故依然会发生，没有完全达到预防事故之目的。

HAZOP 分析这项工作，表面上是一项技术工作，实际上它的执行过程是企业安全文化的具体表现。具有优秀安全文化的企业，对涉及危险化学品的工艺流程开展 HAZOP 分析，是一件自然而然的自愿的工作。管理层对其意义、要求和执行过程较熟悉，会积极准备好各种资源促其落实。反之，这项工作就会流于形式，失去其应有的作用和意义。

HAZOP 分析方法的应用是工程实践的一部分。它被应用于纷繁复杂、种类各异的工艺系统。虽然有一些相关的行业标准，但标准的规定仅仅是非常基础的框架，是粗线条的。在这些标准的基础上，各个企业不断探索，形成了一些不同的实践做法和各企业个性化的执行标准和要求。

HAZOP 分析方法发明之初，是定性的、线逐线的分析方法。后来，在开展

HAZOP 分析时，人们将工艺系统划分成各个子系统（即节点），对各个节点展开分析。目前，越来越多的跨国化工、石化和制药企业，提高了对 HAZOP 分析质量的要求，将保护层概念融入到 HAZOP 分析过程中，因此，它正逐步演变成一种半定量的工艺危害分析方法。

HAZOP 分析是一种朴素的方法和工具，我们应该客观地看待它、用好它。

一方面，不要把它神秘化，认为据此就可以解决所有过程安全的问题。它不是什么高深莫测的东西，而是朴素的技术方法，是分析小组讨论、评估和认知工艺系统危害的工作过程，与其他技术讨论方法并没有本质上的区别。因此，我们要有信心，只要认识到它的重要性，愿意去学习、应用与实践，任何企业都可以用好它，来防止灾难性的过程安全事故。HAZOP 分析是防范严重过程安全事故的重要工具，但要彻底消除过程安全事故，除了 HAZOP 分析外，还需要落实其他过程安全管理要素，如机械完整性、变更管理等。

另一方面，也不能否定它的作用。不能因为做了 HAZOP 分析却出了事故，就认为它无用处。做了 HAZOP 分析仍然出现事故，很多情况下，不是这种方法不好，而是使用的人没有真正把它用好。此外，导致事故的原因很多，应该依靠系统的管理和缜密的技术工作，来实现工艺过程的安全，HAZOP 分析工作只是预防过程安全事故的重要环节之一。我们可以将 HAZOP 分析作为突破口，在此基础上系统地落实各管理要素，从而达到消除或控制过程危害和预防灾难性过程安全事故的目的。

编写本书的基本出发点，是和读者一起分享 HAZOP 分析方法的一些应用经验与心得，帮助更多人了解和应用这种方法，以预防和消除灾难性的过程安全事故。本书共包括十章内容。

第一章是过程危害分析概述。叙述了过程安全管理的特点及其管理要素，也对过程危害分析的概念及常用分析方法做了简要说明。本章通过较宏观的描述，帮助读者理解过程危害分析要素及其在过程安全管理系统中的位置。

第二章是风险标准。阐述了危害与风险的概念、风险标准、风险矩阵，以及风险矩阵的应用。本章旨在帮助读者了解风险矩阵及其使用方法，为 HAZOP 分析的风险评估做好准备。

第三章是 HAZOP 分析方法。这是本书的重点章节之一，说明了 HAZOP 分析方法的基本概念和定性 HAZOP 分析的过程。本章还通过具体的实例，帮助读者增加对 HAZOP 分析方法及其应用的感性认识。

第四章是融入保护层概念的 HAZOP 分析。这是本书的重点章节之一，说明了保护层概念和融入了保护层概念的半定量 HAZOP 分析方法。通过具体的实例，帮助读者了解和掌握半定量 HAZOP 分析方法及其应用。

第五章是间歇工艺流程的 HAZOP 分析。本章说明了间歇工艺流程 HAZOP 分析的特点，突出阐述了其与连续工艺流程 HAZOP 分析的差异。其中包含一个间歇工艺流程的 HAZOP 分析实例，以增加读者的感性认识。

第六章是组织领导 HAZOP 分析。本章不涉及分析方法本身的技术内容，但也是本书的重点章节之一。它主要说明如何领导、组织完成一个 HAZOP 分析项目。对 HAZOP 分析相关方的职责、分析小组的要求、HAZOP 分析的准备工作及质量保障等方面做了较详细的说明。目的是让读者了解如何成功地领导、组织 HAZOP 分析工作。

第七章是 HAZOP 分析报告。本章说明了 HAZOP 分析报告的用途、应该包含的基本内容、编写分析报告的注意事项和报告的存档要求。

第八章是计算机辅助 HAZOP 分析。本章说明了 HAZOP 分析软件的作用、如何选择 HAZOP 分析软件。通过简单介绍 HAZOPkit® 软件的主要功能，帮助读者增加对 HAZOP 分析软件基本功能的一些感性认识。

第九章是 HAZOP 分析的补充。说明了开展设施布置分析和人为因素分析的做法与实践，它们是 HAZOP 分析的有益补充。本章对高占用率建筑物的影响评估和工艺报警评估做了较详细的说明，帮助读者初步了解开展设施布置分析和人为因素分析的方法。

第十章是过程危害分析复审。说明了过程危害复审的必要性、复审所包含的主要任务及做法。目的是帮助读者了解过程危害分析复审的基本要求和实践方法。

作者曾亲自带领分析小组，完成了 300 多个化工、精细化工、炼油和石化等领域的 HAZOP 分析项目，本书是这些项目的实践体会与总结，比较贴近实际应用。读者可以通过本书了解 HAZOP 分析的基础知识，学习 HAZOP 分析方法，将它应用到实际工作中。已有 HAZOP 分析实践经验的读者，可以参考本书的内容，结合自己开展 HAZOP 分析的心得，或许可以从中产生一些共鸣和新的心得。希望本书能抛砖引玉，为 HAZOP 分析方法的高质量推广应用尽微薄之力。

在本书编写过程中，获得了化学工业出版社有关领导和编辑、瑞迈公司同事们的大力支持，豪鹏科技公司 HAZOPkit® 软件开发小组也为本书提供了软件介绍的素材，在此一并表示衷心感谢！

鉴于作者水平的局限，不足之处在所难免，望读者谅解并提出宝贵的改进意见。

粟镇宇

2017 年 5 月　上海

CONTENTS

HAZOP 分析方法与实践

目 录

第十章 过程危害分析复审 165

附 录 170

参考文献 192

第一章　过程危害分析概述

过程危害分析有多种含义，在过程安全管理体系中，它是一个管理要素。在实际工作中，它也可以是一项任务，例如，“为某某装置开展过程危害分析”，这里它就代表一项工作任务。

在讲述HAZOP分析方法之前，一定要先对过程危害分析有所了解，因为HAZOP分析是最常见的过程危害分析方法之一。

第一节　引　　子

HAZOP是英文Hazard and Operability Study中几个首字母的缩写，直译成中文是“危害与可操作性研究”。目前，大家习惯使用较早的一种翻译，即“危险与可操作性研究”或“危险与可操作性分析”，虽然与英文本意略有差异，但不影响交流与使用，无可厚非。它的另一种简称是“HAZOP分析”，用得很广泛，可能是“危险与可操作性研究”读起来比较拗口的原因。本书中统一使用“HAZOP分析”这个称谓。

HAZOP分析是帝国化学公司（ICI）的工程师们在20世纪60年代发明的一种过程危害分析方法。目前，它在流程工业领域中获得了非常广泛的应用。

HAZOP分析是一种工作方法，它是防止化学品泄漏、预防灾难性事故和确保工艺系统安全运行的重要工具。它也是完成过程危害分析这项任务最常用的方法之一，而过程危害分析是过程安全管理系统中非常重要的一个要素。因此，在详细阐述HAZOP分析方法之前，我们需要先简单了解过程安全管理系统和过程危害分析等相关的概念。

第二节　事故是流程工业企业最大的成本

赢利（赚钱）是企业最原始的愿望和冲动，也是企业进一步发展的物质基础。

对于流程企业（如化工、石化、制药等企业）而言，能否赢利与诸多因素有关。抛开复杂的市场因素，在运营过程中，产品的质量、工艺装置的可靠性以及运行中的安全都会影响企业的赢利能力和企业的效益（见图 1-1）。

产品质量会影响销售，从而影响企业的效益，这一点显而易见。

流程工业企业一般都具有资金密集的特征，工艺装置每年在线服役时间的长短（在线率）往往会明显影响企业的效益。例如，频繁的意外停产会带来各种额外的消耗，增加直接成本；在线率较低的工艺装置，单位产品分摊的折旧费也较多，而且在非计划停产期间可能错过市场旺季。

有一种较普遍的误解，认为企业搞安全就是在花钱，是在增加企业的运营成本。这是对安全与运营关系缺乏正确理解得出的错误认知。

图 1-1　影响企业效益的基本因素

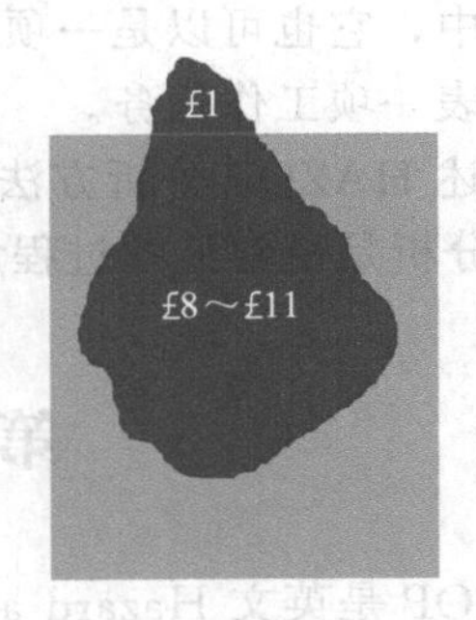

图 1-2　安全事故造成的直接损失与隐性损失

图 1-2 是英国职业安全健康管理局网站上刊登的一个冰山模型，冰山的上部表示安全事故的直接损失，下部表示事故的间接损失（隐性损失）。如果一起事故的直接损失是一元钱，即冰山的上部，包括伤员治疗费和设备修复费等。相应地，就有大约十元钱的隐性损失，即冰山的下部。这里的隐性损失包括应急反应的人力与物资消耗、事故调查费用、停产损失、聘请新员工代替伤员的费用、新员工的培训费用、其他员工的加班费以及因事故引起的诉讼费等。这些隐性损失是事故所导致的直接损失的十倍之多，它很容易被忽视。如果没有该事故，这些损失原本应该是企业利润的一部分！

日常生产中常见的一些浪费现象、工艺技术不够先进导致的高能耗等，都会增加企业的成本和影响运营的效益，但它们与动辄几百万、几千万甚至上亿元的事故损失相比较，就是小巫见大巫了。只要稍微回顾一下行业中的一些灾难性事故，我们就可以发现，安全事故才是流程工业企业最大的成本！

安全事故不仅直接影响企业的经济效益，更有甚者，它还可能彻底摧毁企业的生产装置、造成严重的人员伤亡和环境损害，带来灾难性的后果。即使非常赢利的企业，如果没有良好的安全管理，当前的赢利进程随时可能因为一起严重的安全事故戛然而止，之前的所得也可能因此化为泡影，更令人沮丧的是，事故往往还会造成严重的人员伤亡，企业员工因此丧失他们宝贵的生命。例如，2010年秦皇岛淀粉爆炸事故，造成19人死亡。2012年河北赵县硝酸胍车间爆炸事故，造成25人死亡、4人失踪。2014年，江苏昆山市中荣公司粉尘爆炸事故，造成146人死亡。从流程工业企业中发生的这些灾难性安全事故中，我们很容易得出结论：对于涉及危险化学品的流程工业企业，生产安全不仅会影响其经济效益，而且是企业续存的前提条件！

第三节 过程安全与作业安全的区别

安全是一个很笼统的、大而全的概念。在流程工业企业里，通常可以细分为过程安全（也称工艺安全）、作业安全（也称职业安全）、运输安全和产品安全（参考图1-3）。

从物理位置上看，过程安全和作业安全相关的生产活动都是在企业的围墙内；运输安全和产品安全主要发生在企业之外的区域（在企业内也存在部分运输安全相关的活动，如化学品槽车装卸、叉车运输等）。

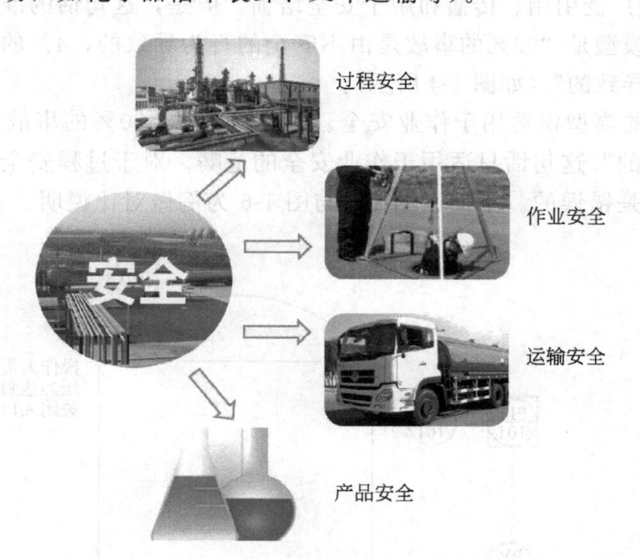

图1-3 流程工业企业的安全细分类别

过程安全与作业安全存在很大的区别。

首先，在后果的严重程度上，两者有很大差异。作业安全事故可以导致一人或多人伤亡，但通常不至于造成成百上千的人伤亡。过程安全事故可能造成灾难性的后果，它不但会摧毁企业的设施，而且能导致大量人员伤亡和造成灾难性的环境破坏。例如，1984年发生在印度博帕尔（Bhopal）的事故，导致了数千人死亡；2013 年，墨西哥湾深水地平线海上平台漏油事故造成了灾难性的环境影响。

其次，两者关注的对象有差别。作业安全主要关心如何保护好作业人员。导致人员伤亡的作业安全事故，在很大程度上与人的不安全行为密切相关，因此，作业安全主要关注人的行为。我们通常所说的行为安全，就属于作业安全的范畴。过程安全主要关心如何消除灾难性的事故，如火灾、爆炸和有毒化学品泄漏等。这类事故与工艺系统的设计、安装和运行密切相关。因此，过程安全关注的重点是工艺系统本身，它主要依赖工程措施来消除或控制涉及危险化学品的灾难性事故。工程措施的提出、落实和维护要靠胜任的人员来完成。必须建立和落实系统性的管理，才能消除过程安全事故，它涵盖企业的安全文化、管理组织、人员培训和技术应用等诸多方面。

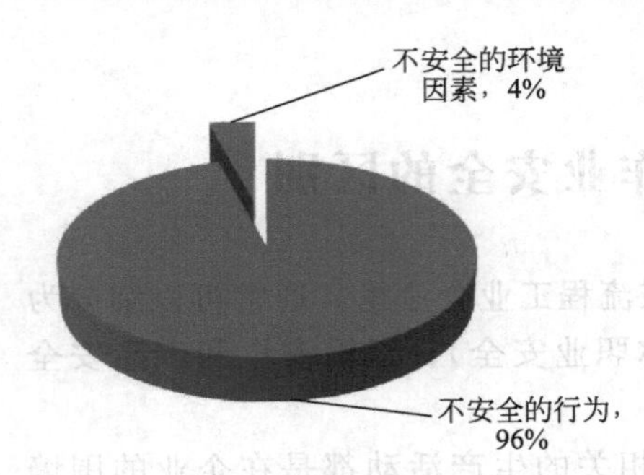

图 1-4　导致作业安全事故的原因

“90%的事故都是人的不安全行为导致的”，这句话被广泛引用、传播和用于安全培训。但是，这句话的准确性是有条件的。它的原始模型是“96%的事故是由不安全的行为导致的，4%的事故是由不安全的环境因素导致的”（如图 1-4 所示）。

图 1-4 中的模型仅适用于作业安全。也就是说，“90%的事故都是由人的不安全行为导致的”这句话只适用于作业安全的范畴。对于过程安全，这种说法就不适用，甚至是错误的。下面以图 1-5 与图 1-6 为例做对比说明。

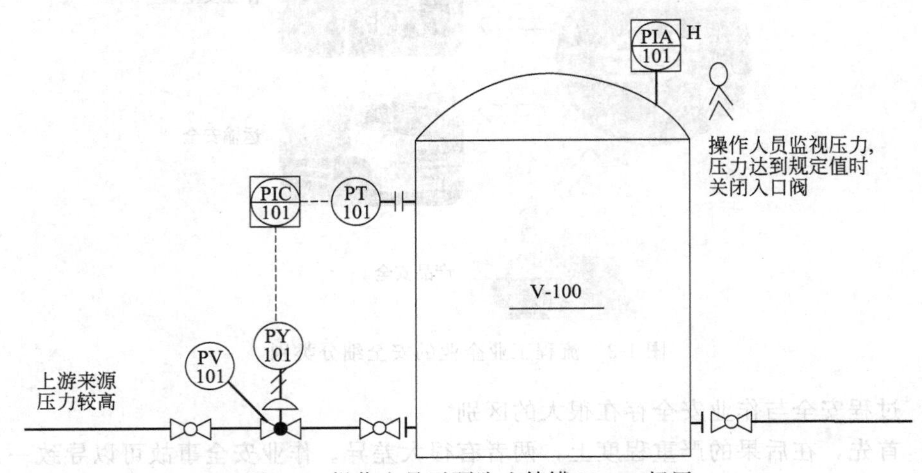

图 1-5　操作人员干预防止储罐 V-100 超压

在图 1-5 中，上游压力高的易燃气体介质经压力调节阀 PV101 进入储罐 V-100。在正常操作情况下，储罐 V-100 内的压力都处于设计所期望的操作范围内，因为调节阀 PV101 起到了调节作用。假设上游压力足够高，当调节阀 PV101 出现故障时，压力高的上游易燃气体就会持续进入储罐 V-100，储罐会出现超压甚至发生泄漏（通常储罐实际压力达到设计压力 3 倍以上才会导致灾难性的破裂；当实际压力超过设计压力 1.5 倍时，在储罐的垫片等处可能出现泄漏），泄漏出来的易燃气体进入大气，能导致喷射火、闪火，甚至与空气混合形成爆炸性混合物，遇到引火源会发生爆炸，造成在场人员伤亡。

为了避免储罐 V-100 因为调节阀 PV101 故障开启而超压，可以安排一名操作人员通过储罐上的压力指示与报警（PIA101）监视储罐的压力，当他发现压力超过规定值时，马上关闭储罐 V-100 进气管道上的手动阀门，以防止储罐超压。这是依靠人工干预来防止储罐 V-100 超压的做法。如果储罐的设计与操作如上所述，那么储罐 V-100 因为调节阀 PV101 故障开启而超压甚至破裂的可能性是在 $1\times10^{-2}\sim1\times10^{-1}$/a，风险太高！

让我们换一种做法：如图 1-6 所示，不再安排操作人员通过储罐上的压力指示和报警来监视储罐 V-100 的压力，而是在储罐 V-100 上的进料管道上安装一个开关阀 XV101，增加一个进料联锁控制回路，当储罐内压力达到设定值时，这个新增的开关阀将自动关闭，切断进料。此外，还可以在储罐上安装一个安全阀 PSV-101。该安全阀的释放能力足够大（满足调节阀 PV101 故障全开时的泄压要求），且释放至安全地点。通过上述改变，储罐 V-100 因为调节阀 PV101 故障开启而超压、甚至破裂的可能性大约是 1×10^{-4}/a。在这种新的做法里，没有要求操作人员采取任何应急操作，但其风险水平却比图 1-5 中的做法降低了 100～1000 倍。

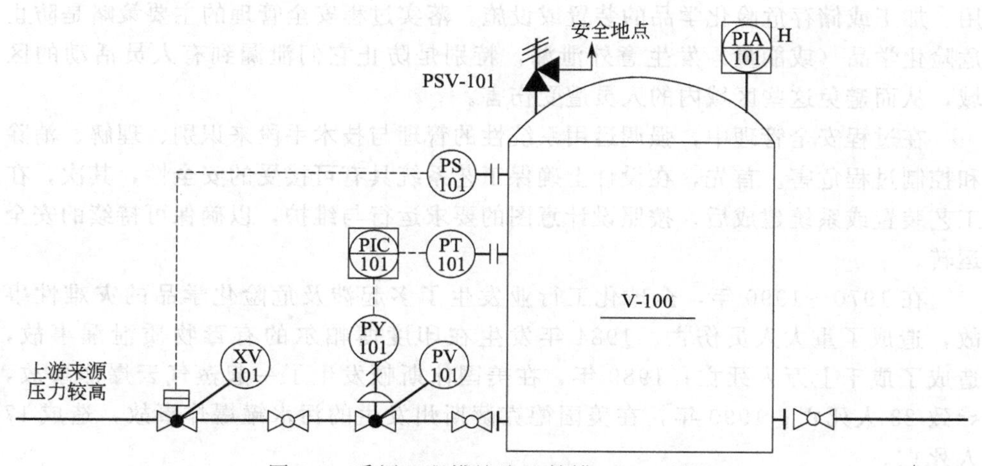

图 1-6 采用工程措施防止储罐 V-100 超压

对比图 1-5 和图 1-6 两种做法，图 1-5 中的方案主要是依赖操作人员的响应来降低风险，而图 1-6 中的方案则主要依靠工程措施（联锁控制回路与安全阀）

来管理风险。

通过以上对比，我们不难发现，工艺装置的设计本身对于实现过程安全至关重要。如果设计本身较好，通过设计尽量消除工艺系统的内在危害，并有适当的危害控制措施，就能大幅降低运行过程中的风险；反之，如果设计本身存在缺陷，即使操作人员认真负责履职，工艺系统还是会在高风险的状态下运行，容易发生事故。也由此可见，“90%的事故都是人的不安全行为导致的”这句话的准确性仅限于作业安全，对于过程安全而言并不恰当。

第四节　过程安全管理系统的要素

在工业生产企业中，通常会建立、践行安全管理体系。比较常见的是职业安全管理体系，它的主要目的是保护员工（包括承包商的员工），防止他们在作业活动中遭受伤害。职业安全管理体系的重点是作业安全。

在涉及危险化学品的流程工业企业里，除职业安全管理外，还需要建立过程安全管理。可以将过程安全管理的相关要素整合到现行的安全管理体系中，形成一个既包含职业安全管理要素、又包含过程安全管理要素的完整的安全管理体系。落实过程安全管理要素的目的，是防止危险化学品泄漏及由此引发的火灾、爆炸和中毒等过程安全事故。

在化工类工业企业中，过程安全管理也称作工艺安全管理。

过程安全管理的基本出发点是预防灾难性的事故。它的主要对象是处理、使用、加工或储存危险化学品的装置或设施。落实过程安全管理的主要策略是防止危险化学品（或能量）发生意外泄漏，特别是防止它们泄漏到有人员活动的区域，从而避免这些区域内的人员遭受伤害。

在过程安全管理中，强调运用系统性的管理与技术手段来识别、理解、消除和控制过程危害。首先，在设计上确保工艺系统具有可接受的安全性，其次，在工艺装置或系统建成后，按照设计意图的要求运行与维护，以确保可持续的安全运转。

在1970～1990年，全球化工行业发生了多起涉及危险化学品的灾难性事故，造成了重大人员伤亡。1984年发生在印度博帕尔的有毒物质泄漏事故，造成了成千上万人死亡；1989年，在美国休斯顿发生了一起蒸气云爆炸事故，导致23人死亡；1990年，在美国德克萨斯州发生的污水罐爆炸事故，造成17人死亡。

这些事故催生了过程安全相关的法规。1992年2月24日，美国职业安全健康局（Occupational Safety and Health Administration，OSHA）颁布了危险化学品过程安全管理系统的相关要求（29CFR1910.119：Process Safety Management of

Highly Hazardous Chemicals，PSM)，于1992年5月26日正式生效。在OSHA颁布的过程安全管理体系中，共包含14个要素（见图1-7）。

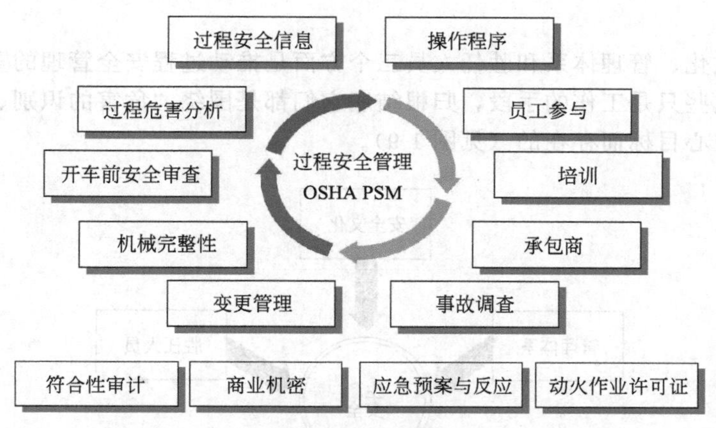

图1-7 OSHA过程安全管理系统的14个要素

随后，美国环保局（EPA）颁布的《净化空气法案之灾难性泄漏预防》于1999年生效，它在OSHA过程安全管理系统相关要求的基础上，对风险评估和应急预案的要求做了补充。

在我国，国家安全生产监督总局于2010年9月6日颁布了《化工企业工艺安全管理实施导则》（AQ/T 3034—2010)，2011年5月1日起开始实施。该导则中包含12个管理要素（见图1-8)，与美国OSHA颁布的过程安全管理系统的要素大同小异，两者都包含了过程危害分析要素。过程危害分析是过程安全管理系统中非常重要的要素。

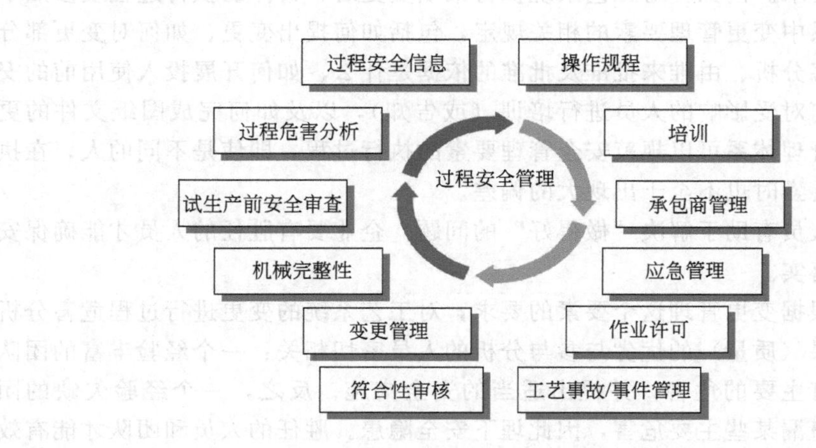

图1-8《化工企业工艺安全管理实施导则》中提出的过程安全管理12要素

第五节 过程危害分析要素

安全文化、管理体系和胜任人员三个方面是推动过程安全管理的重要路径和保障。但这些只是工作的手段，归根结底它们都是围绕“危害的识别、消除或控制”这个中心目标而存在的（见图 1-9）。

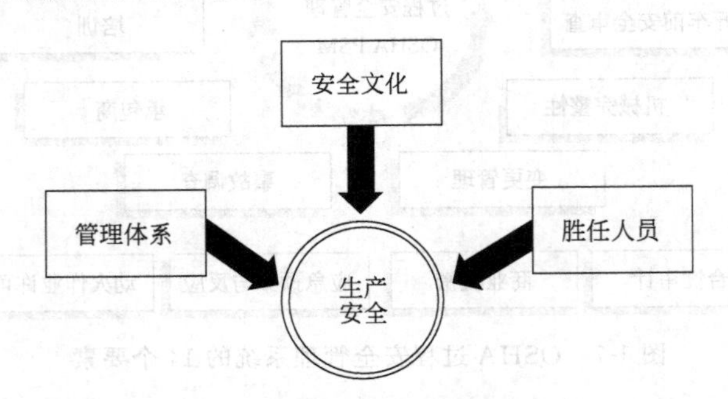

图 1-9 实现生产安全的三个方面

安全文化帮助我们解决“愿意做”的问题。很多企业都在强调安全文化建设，在日常工作中，要求处处考虑安全相关的因素。例如，需要对工艺系统某处做变更时，在执行变更期间，要求对变更的部分开展适当的过程危害分析。管理人员是否愿意严格按照企业的要求对上述变更开展过程危害分析，体现的就是本企业安全文化的一个侧面。

管理体系帮助我们解决“如何做”的问题。管理系统规定了落实执行相关工作的方法与要求。例如，对工艺系统执行某项变更时，具体的执行过程应参照本企业管理体系中变更管理要素的相关规定，包括如何提出变更、如何对变更部分开展过程危害分析、由谁来批准及批准的依据是什么、如何开展投入使用前的安全审查、如何对受影响的人员进行培训（或告知），以及如何完成图纸文件的更新等环节。管理体系可以规范安全管理要素的执行过程，即使是不同的人，在执行落实这些要素时也不至于出现大的偏差。

胜任的人员有助于解决“做得好”的问题。企业要有胜任的人员才能确保安全工作真正落实。

例如，根据变更管理这个要素的要求，对工艺系统的变更进行过程危害分析时，分析结果（质量）的优劣与参与分析的人员密切相关：一个经验丰富的团队能识别出所有主要的危害，并提出适当的安全措施；反之，一个经验欠缺的团队，或许会遗漏某些主要危害，因此埋下安全隐患。胜任的人员和团队才能有效地识别出那些值得关心的危害，并提出恰当的安全措施来消除或控制它们。企业相关岗位的人员需要接受所需的培训，掌握必要的安全知识、熟练应用常用的安全管理工具与方法，才能将安全工作真正落到实处。

要实现企业安全运行，本质上只需要做好一件事情，就是“识别、消除或控制危害”。要做好这件事情，首先，企业管理人员要愿意去落实“识别、消除或控制危害”相关的工作，这是安全文化的体现；其次，该如何对危害进行识别、消除或控制呢？因此需要建立“过程危害分析”要素，这是过程安全管理体系的一部分。当完成危害识别并确定控制措施后，需要让受影响的操作人员和维修人员了解这些危害及其控制措施，于是有了“培训”要素；在危害识别中，发现某些设备或仪表出现故障时，会带来严重的后果，需要更好地确保这些设备和仪表的完整性，例如应该将它们纳入关键设备仪表清单中，为它们建立预防性维护计划并予以落实，于是有了“机械完整性”要素。可见，所有的过程安全管理要素都是围绕危害识别、消除与控制的需要而产生并存在的。

要实现过程安全（防止火灾、爆炸和人员中毒等事故），首要任务是识别过程危害。过程危害分析是过程安全管理体系中最核心的要素之一。

在日常工作中，过程危害分析有两重含义：一方面它是过程安全管理系统中的一个管理要素；另一方面，它也是一项工作任务，例如，需要对某工艺装置开展过程危害分析，在此处，它就是一项工作任务。

首先，过程危害分析是过程安全管理系统中的一个管理要素。美国职业安全健康局（OSHA）在其颁布的过程安全管理规定（29CFR1910.119）中，对过程危害分析要素提出了很明确的要求。要求涉及危险化学品的工艺装置或者包含有超过 10000lb（4535.9kg）易燃物的工艺装置，在工艺装置建设期间应开展过程危害分析，以便识别、评估和消除（或控制）工艺系统中存在的需要关心的危害。

开展过程危害分析时，所选择的分析方法要与工艺系统的复杂性相匹配。OSHA 推荐了下列过程危害分析方法（在同一套工艺装置中，可以采用一种分析方法，或同时采用几种分析方法）。

- 安全检查表法（Checklist）。
- What-if 提问法（“如果……会怎么样？”提问法）。
- What-if 提问法＋安全检查表法（What-if/Checklist）。
- 危险与可操作性研究（HAZOP）。
- 故障类型和影响分析（FMEA）。
- 故障树分析（FTA）。
- 其他适当的方法。

OSHA 要求，无论采用什么样的分析方法，过程危害分析都应该：

- 识别工艺系统的危害（备注：识别出那些值得关心的危害）。
- 对以往发生的负面事件（可能导致严重后果的事件）进行审查。
- 提出控制危害的工程措施和行政管理措施。

- 明确说明控制危害的工程措施和行政管理措施失效时会出现的后果。
- 开展现场设施布置分析（FSR，Facility Siting Review）。
- 开展人为因素分析（HFR，Human Factors Review）。
- 必要时，开展定量风险评价。

OSHA认为过程危害分析宜由一个小组共同完成，小组成员有工程和工艺生产的经验、掌握工艺系统相关知识及所采用的过程危害分析方法。

OSHA要求企业建立必要的制度或机制，以便及时落实过程危害分析小组提出的建议项。企业应在合理的时间段内落实这些建议项，并做好文件记录。企业需要编制完成建议项的时间表、尽快完成建议项、通知受影响的员工（包括操作人员、维修人员和其他员工），并且书面记录所完成的建议项。在企业的整个生命周期中，应该定期开展过程危害分析的有效性确认（也称过程危害分析复审，每5年复审一次），并保存相关的报告。

在《化工企业工艺安全管理实施导则》（AQ/T 3034）中，对如何开展过程危害分析提出了与以上非常类似的要求。两者的主要区别是，OSHA要求每5年复审一次，我国的指南要求每3年复审一次。

其次，过程危害分析也可以是一项工作任务。它是一个正式的、有组织的工作过程（见图1-10）。在此过程中，过程危害分析小组应该：

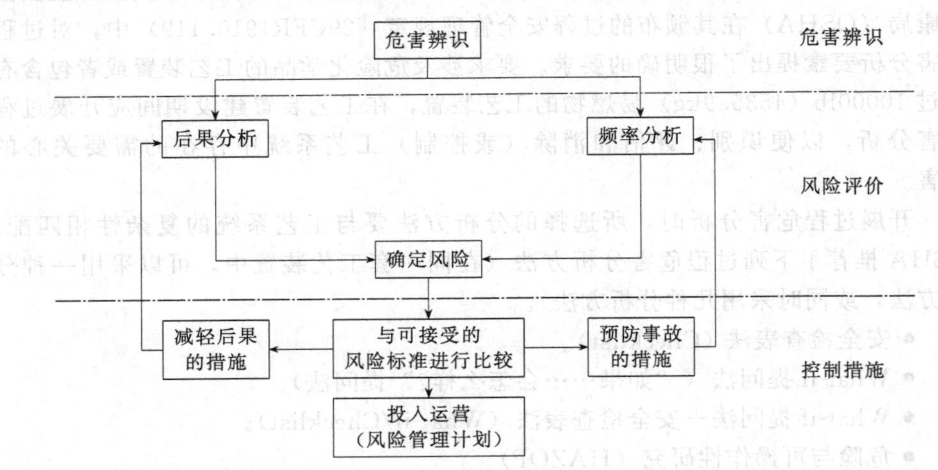

图1-10　过程危害分析的过程

- 熟悉工艺系统，然后对其危害加以辨识。
- 分析危害导致的事故情景，理解可能导致的后果及出现上述后果的可能性。
- 根据事故情景的后果与可能性，确定当前的风险。
- 将事故情景的当前风险与可接受的风险标准相比较，确定当前的风险是否可以接受。如果当前的风险过高，则通过采取预防事故的措施减少事故出现的可能性，或者采取减轻后果的措施缓和事故发生时的后果，总之，需要将事故情景的风险降低到可以接受的水平。

● 书面记录所识别的危害、现有的控制措施及风险等级，以及为了降低事故情景的风险而提出的新的安全措施（意见或建议项）。

第六节 常见过程危害分析方法

过程危害分析方法的选择受多种因素影响，包括工艺系统内在危害的大小、装置的规模和复杂程度，以及开展本次过程危害分析的时机（即当前所处的阶段，是在项目阶段，还是已经处在投产运行的服役阶段）。

对于一套工艺装置，可以采用一种或几种分析方法来完成过程危害分析任务。例如，对于一套普通的化工装置，在初步设计完成时，可以采用 What-if 提问法进行初步分析；在详细设计阶段，较普遍的做法是采用 HAZOP 分析方法开展过程危害分析，辅之以安全检查表法对设施布置及人为因素等开展分析（请详见本书第九章）。

过程危害分析方法较多，它们各有优缺点。下面简单介绍几种常见的分析方法。

一、安全检查表法

安全检查表法是典型的定性危害分析方法。分析人员根据事先准备好的一张检查表，对当前的工艺设计或在役工艺系统进行审查。逐项参考检查表中的检查项，查看设计中或工艺系统中是否存在某些危害，如果有，则提出必要的安全措施来改进当前设计，或改善在役工艺系统。

安全检查表法是运用以往积累的知识与经验（包括以往的事故教训）来提升工艺系统的安全性。这种方法简单易行，分析人员通常不需要接受专门的培训，可以由一个人或一个小组运用检查表来完成工艺系统的危害分析。这种分析过程花费的时间相对较少（与 HAZOP 分析方法相比较）。

采用这种方法时，需要有高质量的检查表和经验丰富的分析小组，才能保证分析工作的质量。试设想，如果客观上需要对一套工艺装置就 100 个方面进行检查分析，现在分析小组成员的手里有一份堪称完美的检查表，其中有那 100 个方面检查项，分析人员按照这 100 个检查项逐个分析，与这些检查项相关的危害都有机会被识别；反之，如果使用的检查表中只有 60 个检查项，分析小组成员按照这 60 个检查项逐个分析，其他 40 个检查项相关的危害就可能被遗漏。因此，采用安全检查表这种分析方法时，分析工作的质量在很大程度上取决于所选用的检查表是否适当，以及检查表本身的质量和使用者的经验。

基于特定工艺装置的检查表通常不适用于其他不同的工艺装置。有些企业一直在做同一种产品，建造了很多同类工艺装置，在以往系统的过程危害分析的基础上形成了很完善的检查表，对于新建项目，可以采用这些检查表开展过程危害分析（用来替代 HAZOP 分析等耗时较多的方法）。但是，此检查表只适用于同一类工艺装置，对于其他非同类工艺装置，采用此检查表来取代 HAZOP 分析等其他方法，是不恰当且颇具风险的。

采用检查表分析方法，很难对工艺系统进行全面、深入的分析，它仅适用于内在危害较小的工艺系统。在行业里，有一些企业开发了现场设施分析检查表、人为因素分析检查表和本质安全检查表，将这些检查表应用于现场设施布置分析和人为因素分析，以弥补 HAZOP 分析等方法的不足。

二、What-if 提问法（“如果……会怎么样？”提问法）

这种方法的应用由一个分析小组共同完成，它是一种典型的“头脑风暴”活动。它的做法是，针对一个工艺系统，通过一系列“如果……会怎么样？”的提问，找出工艺系统中的危害，然后对危害可能造成的影响进行分析，并根据需要提出更多消除或控制危害的措施。表 1-1 是 What-if 分析的一个例子（此处仅包括该分析的部分内容）。

采用这种分析方法时，工作质量主要取决于分析小组成员的经验与知识，如果分析小组成员有丰富的经验并且熟悉接受分析的工艺系统，工作质量就会较好。反之，很难获得理想的分析效果。

What-if 提问法使用起来比较简便，工作效率也比较高，但有时分析结果不够全面，分析本身也缺乏系统性。因此，它不适用于危害大或复杂的工艺系统。

这种方法较适合于危害较小的系统。例如，有些企业将这种方法用于危害较小的工艺装置的过程危害分析，诸如仪表空气系统、冷却水系统和污水处理系统等工艺单元（根据 OSHA 过程安全管理法规，这些工艺单元不属于过程安全管理覆盖的范畴，依规并不需要开展过程危害分析。有些企业还是对这些工艺单元开展过程危害分析，这么做算是良好的工业实践）。

What-if 提问法也比较适用于涉及危险化学品的物理加工过程的过程危害分析。例如，涉及化学材料的挤压、成型和粉料处理系统。

此外，对于一些复杂的工艺装置，可以在设计阶段的早期（如初步设计阶段）开展初步的过程危害分析，目的是在详细设计之前识别出工艺系统中的一些特别主要的危害，为详细设计提供参考。在设计阶段的早期，还缺少足够多的过程安全信息资料，带控制点的管道仪表流程图（P&ID 图）往往还没有编制好，通常仅有工艺流程图（PFD 图）。此时，可以采用 What-if 提问法开展初步分析。

表 1-1　What-if 分析举例

What-if 工作表

项目名称:ABC 项目

节点编号:6

节点名称:槽车经泵 P-102 卸甲苯至储罐 V-102

分析日期:2016 年 12 月 3 日

分析小组:见报告正文部分

文件图纸:100-PFD-20105-102 Rev. 1

编号	What if	后果	现有措施	类别	建议项编号	建议项	负责人	备注
6.1	槽车卸料速度过快	槽车内甲苯(易燃液体物料)经卸料泵后在管道内快速流动,物料会带上静电进入储罐 V-102 内,在储罐内,如果易燃物料与空气混合形成爆炸性混合物,遇到静电释放产生的引火源,会引起罐内爆炸,靠近罐区的装置可能发生火灾,罐区周围 1~2 名操作人员可能伤亡	(1)槽车卸料流速控制措施:设计的卸料流速为 3m/s (2)储罐 V-102 有氮封 (3)储罐 V-102 和卸料管道有静电接地和跨接(备注:甲苯导电性差,此措施防止静电累积的作用很有限)					
6.2	储罐 V-102 液位过高,出现满罐	甲苯从储罐 V-102 的顶部安全阀进入大气,流到储罐的围堰内,在围堰内气化形成蒸气云,遇到引火源会被引燃形成池火;甲苯蒸气进入大气,操作人员暴露于甲苯蒸气,影响健康并可能导致急性中毒(甲苯的暴露限值是 STEL=500μL/L,TWA=200μL/L)	甲苯储罐 V-102 有一个远程液位计,有液位指示和高液位报警(报警信号进中控室的 DCS 系统)。操作人员接到报警后可以停止卸料	安全	6-1	在甲苯储罐 V-102 上增加一个高高液位联锁(当储罐内达到高高液位时,自动停卸料泵 P-102)	张军	
6.3	卸料管破裂,甲苯从槽车卸料管道泄漏	甲苯泄漏到槽车卸料区的地面,局部形成甲苯蒸气云团,遇到引火源会被引燃形成池火;操作人员暴露于甲苯蒸气,影响健康并可能导致急性中毒(甲苯的暴露限值是 STEL=500μL/L,TWA=200μL/L)	(1)根据工厂目前的管理经验,卸料软管定期接受检查和维护 (2)操作人员在现场,可以及时关闭槽车出口的阀门以终止泄漏(操作人员备用呼吸器)	安全	6-2	详细设计时,槽车卸料区域应具备二次容纳收集功能	李浩然	
6.4	以下省略							

三、故障类型和影响分析（FMEA）

这种方法适用于单台设备的分析，它既是一种过程危害分析方法，也广泛用于工艺设备的可靠性分析，是过程安全管理系统中落实机械完整性要素的一种重要工具。

在对工艺系统开展故障类型和影响分析时，先将工艺系统分成若干个单元（或若干部件），然后依次识别这些单元（或部件）中可能存在的故障情形、找出导致故障的原因和分析可能导致的后果，必要时提出改进措施（即建议项）来降低风险。分析报告中会包括一张列表，列出各组成单元（或部件）的故障类型及其影响（后果），直观易读。

例如，采用这种方法对一台反应器开展过程危害分析时，首先将反应器分成几个部分，分别是反应器本体（含夹套）、搅拌器、内加热盘管、安全阀等部件。然后对各个部件可能出现的故障逐一列出，针对于每一起故障，分析它可能造成的影响（包括对整个系统的影响和对本系统内其他部件的影响），在此基础上评估这起故障出现的风险，必要时提出建议项来降低风险。

表 1-2 是应用故障类型和影响分析方法对一个工艺尾气装置开展过程危害分析的实例（仅列出部分内容）。

分析时，将工艺尾气系统分成几个部分：尾气处理系统的喷淋吸收塔、尾气处理系统的活性炭床和活性炭床出口引风机。

先对尾气处理系统的喷淋吸收塔开展分析，列出它的故障类型，共有三种，分别是：喷淋水槽内缺水、喷淋吸收塔的喷淋水循环泵故障（停泵）、喷淋吸收塔内的液位过高（往塔内注水阀门故障开启）。然后对每一种故障类型的后果及风险进行详细的分析，必要时提出建议项。完成这个部分后，用同样的方法完成其他部分的分析。所有的分析结果均记录在故障类型和影响分析工作表中。

表中的间隔年是指两次故障之间的时间间隔，单位是年；失效小时是指发生故障后，所需要的最短恢复时间；频率等级是指出现此故障类型的可能性大小，它是由间隔年与失效小时所决定的。故障类型和影响分析采用的风险矩阵与其他过程危害分析方法采用的风险矩阵稍有不同，但基本原理是类似的。

这种分析方法的缺点是只关心系统的组成单元，没有考虑人为因素（如操作失误），也没有考虑这些组成单元之间的相互影响。而且，这种方法较耗费时间且工作过程枯燥，使用者需要接受基本的培训才能正确应用此方法。分析工作质量的好坏很大程度上取决于使用者的知识与经验，以及对工艺系统的熟悉程度。

表 1-2 故障类型和影响分析工作表（举例）

项目名称：（略）

工艺单元：工艺尾气处理装置

工艺描述：（略）

评估日期：2015 年 12 月 6 日

分析小组：参考报告正文部分

图纸文件：参考本报告附件-C

序号	部件描述	故障或失效类型	影响(后果)		现有措施	危害程度	失效频率			风险程度	建议项编号	建议项
			影响其他组件	影响整个系统			间隔年	失效小时	频率等级			
1	尾气处理系统的喷淋吸收塔	1.1 喷淋水槽内缺水	没有喷淋水，高浓度尾气进入下游的活性炭吸附床，可能堵塞活性炭床导致其失效	没有经过洗涤处理的工艺尾气经活性炭床后进入大气，部分组分活性炭处理不了，会进入大气，排放超标造成环境污染	喷淋水槽内的水位可以就地观察，操作人员每 2h 现场巡查一次	1	5	12	−4	−3	1-1	在喷淋水槽增加一个远程液位计，设置低液位报警，报警信号接入中央控制室的 DCS 系统
		1.2 喷淋吸收塔的喷淋水循环泵故障(停泵)	没有喷淋水，高浓度尾气进入下游的活性炭吸附床，可能堵塞活性炭床导致其失效	没有经过洗涤处理的工艺尾气经活性炭床后进入大气，部分组分活性炭处理不了，会进入大气，排放超标造成环境污染	有泵的关键备件，工厂可以及时修复，恢复泵的运转	1	1	4	−4	−3	1-2	研究决定是否就地安装备用泵
		1.3 喷淋吸收塔内的液位过高(往塔内注水阀门故障开启)	上游加热炉背压增大，联锁停炉	上游工艺系统排放尾气受阻，上游加热炉背压增大，可能在炉内形成较大的正压，烟气泄漏至大气，造成人员暴露伤害和局部环境破坏	喷淋水槽有溢流口，溢流口足够大，溢流的出口位置低于喷淋吸收塔的进气口	1	100	4	−6	−5		

续表

序号	部件描述	故障或失效类型	影响(后果)		现有措施	危害程度	失效频率			风险程度	建议项编号	建议项
			影响其他组件	影响整个系统			间隔年	失效小时	频率等级			
2	尾气处理系统的活性炭床	2.1 活性炭床堵塞	喷淋吸收塔及上游设备的背压增大,上游加热炉联锁停炉	上游工艺系统排放尾气受阻,上游加热炉背压增大,可能在炉内形成较大的正压,烟气泄漏至大气,造成人员暴露伤害和局部环境破坏	活性炭床上游有喷淋吸收塔,防止堵塞物进入活性炭床。工厂有备用活性炭	1	5	4	—5	—4	2-1	为活性炭床增加进出口压差计(就地显示床层的压差)
		2.2 活性炭床内发生着火(活性炭床有蓄热自燃的危害)	连接喷淋吸收塔与活性炭床的管道可能被引燃损坏	损坏活性炭床,生产时间损失 备注:火灾不会蔓延到周围其他地方	在活性炭床的上游有喷淋吸收器,进入活性炭床的气体温度低,活性炭床下游的引风机总在工作	1	100	1	—6	—5		
3	活性炭床出口引风机	……										

四、危险与可操作性研究（HAZOP）

HAZOP是最广泛应用的一种过程危害分析方法，主要适用于流程工艺装置或系统，在化工、石化、制药等流程工业企业中广受青睐。

这种方法的介绍是本书的重点内容，详见后续章节。

五、故障树分析

故障树分析（Fault Tree Analysis，FTA）方法是按照逆推方式来分析导致事故后果的各事件之间的相互关系。它能够清晰说明造成某种后果（通常称为顶事件）之前的一系列事件，还可以根据各事件发生的可能性计算出导致顶事件的频率。

故障树分析的结果是树状的图表，非常直观，容易理解和使用。

这种方法通常用于两个方面，一是开展事故根源分析，挖掘出导致事故的各种根源（管理上存在的缺陷）；一是作为过程危害分析工具，分析事故情景出现的可能性。

采用这种方法开展事故根源分析时，通常从一起顶事件（已经发生的事故的后果）着手，逐层逆向追溯造成顶事件的原因，直至追溯到管理上的缺陷或超出企业界区范围以外的影响因素。

采用这种方法开展过程危害分析时，主要用于分析事故后果出现的可能性，常用于定量风险评价。故障树分析方法采用逻辑门连接各个事件及表述事件之间的相互关系，采用布尔代数的法则完成事件之间的运算。

应用故障树分析方法时，通常先由一个人完成初稿，然后再由一个有经验的专业小组对初稿进行审查和完善。使用者需要接受培训才能掌握这种方法。

以图1-11中储罐V-100破裂的情形为例，可以用故障树分析方法对该储罐破裂的可能性开展分析，请见图1-12所示（此处的数据都是假设的数值，仅为

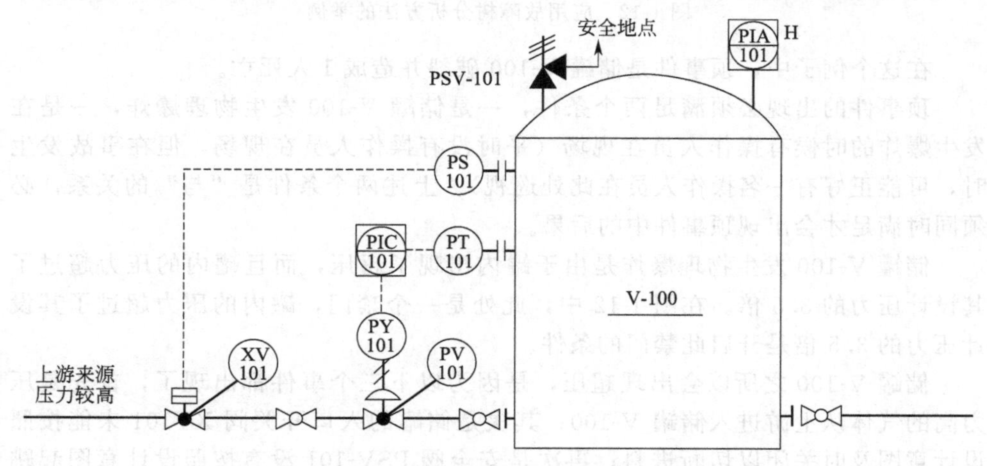

图1-11 故障树分析举例的P&ID图

了表述目的，不能用于实际项目）。

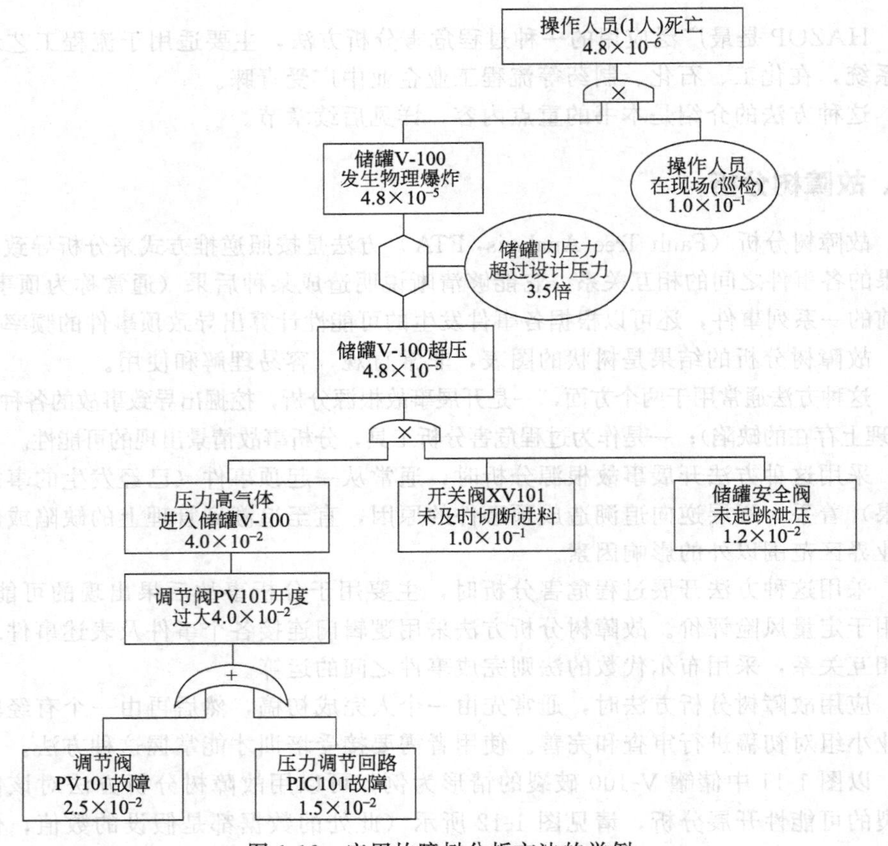

图 1-12 应用故障树分析方法的举例

在这个例子中，顶事件是储罐 V-100 破裂并造成 1 人死亡。

顶事件的出现必须满足两个条件，一是储罐 V-100 发生物理爆炸，一是在发生爆炸的时候有操作人员在现场（平时没有操作人员在现场，但在事故发生时，可能正好有一名操作人员在此处巡视）。上述两个条件是“与”的关系，必须同时满足才会出现顶事件中的后果。

储罐 V-100 发生物理爆炸是由于罐内出现了超压，而且罐内的压力超过了其设计压力的 3.5 倍。在图 1-12 中，此处是一个禁门，罐内的压力超过了其设计压力的 3.5 倍是开启此禁门的条件。

储罐 V-100 之所以会出现超压，是因为以下三个事件都出现了，首先是压力高的气体从上游进入储罐 V-100；其次是储罐的入口开关阀 XV101 未能按照设计意图及时关闭以切断进料；再次是安全阀 PSV-101 没有按照设计意图起跳泄压。上述三个条件是“与”的关系，必须同时满足才会出现上一级中间事件

(储罐超压)。

调节阀 PV101 开度过大，是压力高的气体从上游进入储罐 V-100 的直接原因。造成调节阀 PV101 开度过大有两种可能的原因，一是调节阀本身存在机械故障，一是压力调节控制回路出现了故障，给调节阀提供了错误信号，增大了调节阀 PV101 的开度。上述两个条件是“或”的关系，只要满足其中一个条件，就会出现上一级中间事件（调节阀 PV101 开度过大）。

在此举例中，通过相关的数据计算（简单的加法与乘法），可以得出导致顶事件（一人死亡）的可能性是 4.8×10^{-6}。计算的过程如下：

- 调节阀 PV101 开度过大的可能性

$$=2.5\times10^{-2}+1.5\times10^{-2}-2.5\times10^{-2}\times1.5\times10^{-2}=4.0\times10^{-2}$$

备注：被减的数值太小，此处就忽略了。

- 储罐 V-100 超压的可能性

$$=4.0\times10^{-2}\times1.0\times10^{-1}\times1.2\times10^{-2}=4.8\times10^{-5}$$

- 操作人员（1人）死亡的可能性

$$=4.8\times10^{-5}\times1.0\times10^{-1}=4.8\times10^{-6}$$

第七节 过程危害分析方法的选择

上述过程危害分析方法各有优缺点。对工艺装置开展过程危害分析时，可以采用一种或同时采用多种分析方法，取长补短。在选择分析方法时，需要考虑工艺系统的复杂性、分析工作所处的时间阶段，以及工艺系统内在危害的大小等因素。

安全检查表法简单易用，节约时间，但是不适用于复杂的系统。有些企业在变更管理过程中，采用检查表方法开展过程危害分析，主要是因为所应用的对象（变更）不是太复杂，采用检查表方法能够提高工作效率。常见的做法是将检查表方法作为其他分析方法（如 HAZOP 分析方法）的有益补充。例如，对于新建的工艺装置，可以采用 HAZOP 分析方法对工艺过程进行细致分析，然后采用检查表方法开展设施布置分析和人为因素分析（请详见第九章）。有些企业的工艺装置大同小异，在早先建设工艺装置时采用 HAZOP 分析等方法开展了过程危害分析，等到积累了足够的经验后，在此基础上开发出针对性的检查表，再次建新装置时，就不再开展 HAZOP 分析，直接采用检查表方法完成过程危害分析。这种做法可以大幅提高工作效率，节约很多时间。但是，采用这种做法有两个前提：首先，通过同类装置的过程危害分析（如 HAZOP 分析）积累了足够多的经验，形成了专业的检查表；其次，这种方法只能用于设计上变化很小的同类装置，不同装置所具有的危害是不同的，适用于某一类工艺装置的检查表，不能简单照搬用于其他类型的工艺装置。

What-if 提问法通常用于危害较小的工艺装置，例如对公用工程系统开展过程危害分析时，采用 What-if 提问法是不错的选择（备注：按照 OSHA PSM 的规定，过程安全法规并不覆盖公用工程系统，对公用工程系统开展过程危害分析不是为了满足法规的要求，而是良好的安全管理实践）。在新建项目早期（如初步设计阶段），可以采用 What-if 分析方法开展初步的分析，对于大多数项目通常只需要花费 2～3d，目的是在较早阶段识别出主要危害，为详细设计提供参考。有些企业将 What-if 提问法与安全检查表方法联合使用，这样做可以弥补彼此的一些缺点，但值得一提的是，应该先应用 What-if 提问法，然后再用检查表方法查漏补缺；不能一开始就使用检查表方法，否则会束缚分析小组成员的思维，难以发挥 What-if 提问法的作用。

开展过程危害分析时，较少选择故障类型和影响分析方法，它偶尔被用于整体性设备的过程危害分析。如果需要对某台设备存在的危害开展分析，这种方法是不错的选择。这种方法普遍用于设备故障类型分析，是落实机械完整性要素的重要工具。

HAZOP 分析方法是最广泛应用的过程危害分析方法之一，适用于各种工艺流程装置。它的应用不受工艺装置的类别和规模限制，可以根据需要在工艺研发、设计、运行和关停等阶段采用这种分析方法。本书后面章节详细论述了这种方法及相关的实践。

故障树分析方法只能分析事故情景中各事件之间的关系，通常不单独用于过程危害分析。它主要有两方面的应用：一方面，用它开展事故情景的可能性分析，与量化的后果分析一起构成定量风险评估或评价；另一方面，对于一些需要特别关注的事故情景，可以采用这种方法得出导致特定后果的可能性，为风险管理提供决策依据。

还有一些其他的过程危害分析方法，如领结图法、后果分析、保护层分析等，此处不再赘述。

第八节　何时开展过程危害分析?

在工艺装置的生命周期中，可以在各个阶段采取措施来消除或控制过程危害，避免发生灾难性的事故。如图 1-13 所示，正常的工艺装置包括研发设计、生产运行和装置关停等阶段。

如果工艺系统中存在某种危害，在研发设计阶段及时发现它并采取措施，需要付出的成本最小。在生产运行阶段来解决这个同样的问题，可能需要数十倍的成本。如果在研发设计阶段没有妥善解决好，在生产运行阶段就应该尽早采取行动，消除或控制相关的危害，否则，如果不幸因此危害引发事故，付出的代价可能会是设计阶段所需成本的成百上千倍。例如，为了消除同一项危害带来的问题，假设研发设计阶段付出的成本是1元，在生产运行阶段可能需要付出50元（50倍），倘若不幸发生事故，付出的代价可能是5000元甚至50000元（1000倍甚至10000倍）。

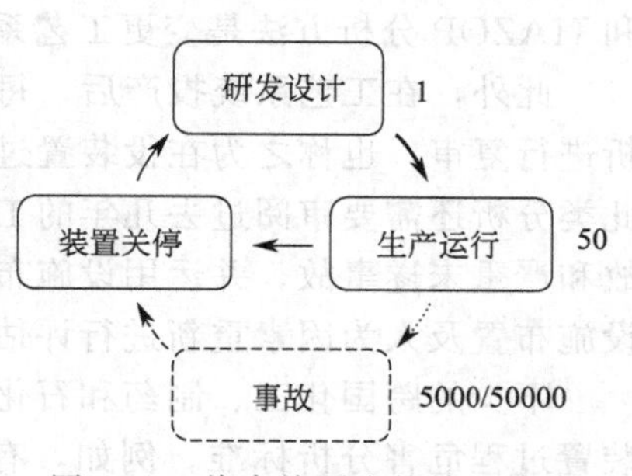

图1-13　将事故预防的关口前移

因此，应该尽可能将事故预防的关口前移！在工艺装置的生命周期中，尽可能在研发设计阶段就开展过程危害分析，倘若在设计阶段没有开展过过程危害分析，则应该在生产运行阶段及早补做。

在工艺装置生命周期的不同阶段，过程危害分析的目的与具体任务有所区别。

一、研发设计阶段

研发人员可以通过过程危害分析识别研发中的工艺路线或试验装置的危害，以便及时采取必要的安全防护措施，防止在研发过程中（特别是中试阶段）发生事故。例如，化工工艺研发人员可以利用What-if提问法或HAZOP分析方法，分析中试装置异常工况下的危害，并据此改进中试装置的设计。

在开展化工、石化、炼油、制药及其他工艺系统的设计时，设计人员可以根据过程危害分析的结果改进设计，提升工艺系统的安全性。对于全新的工艺或者企业缺乏生产经验的工艺系统，许多企业会考虑对设计方案进行初步危害分析（也称预危害分析），目的是在设计早期及时发现潜在的重大安全问题。在工艺系统的详细设计阶段，许多企业采用HAZOP分析方法，依据带控制点的管道仪表流程图（P&ID图）对工艺设计进行系统、详尽的分析，以消除详细设计中存在的危害；有时还辅助采用设施布置分析检查表（Facilities Siting Checklist）、人为因素分析检查表（Human Factors Checklist）识别设施布置和人为因素方面的危害，这是对HAZOP分析的有益补充。个别企业在基础设计阶段和详细设计阶段先后运用HAZOP分析方法对设计进行分析。在设计阶段，如果已经应用HAZOP分析方法对工艺设计完成了分析，倘若需要进行变更并修改P&ID图，则应该对修改部分（工艺变更部分）重新开展分析。

二、生产运行阶段

在工艺系统投产后，有时会对工艺系统进行变更，对于复杂的变更或者变更可能增加危害的情形，需要对发生变更的部分开展过程危害分析。安全检查表法和 HAZOP 分析方法是变更工艺系统时常用的危害分析方法。

此外，在工艺系统投产后，每隔若干年需要重新对前一次完成的过程危害分析进行复审，也称之为在役装置过程危害分析。除了采用 HAZOP 分析方法外，此类分析还需要审阅过去几年的工艺变更、回顾本企业或同行企业发生的安全事故和严重未遂事故，并运用设施布置分析检查表和人为因素分析检查表对企业的设施布置及人为因素重新进行评估。

不少的跨国化工、制药和石化企业在满足法规的基础上，制订了自己的在役装置过程危害分析标准。例如，有些企业的要求比 OSHA 规定的更加严格：对于危险性很大的工艺装置，每隔三年就采用 HAZOP 方法重新进行一次过程危害分析；对于危险性较小的装置则每隔五年重新进行一次过程危害分析；对于普通的装置或设施，法规并不要求开展过程危害分析，但为了安全起见，也每隔十年对它们进行一次过程危害分析复审。

第九节　本 章 小 结

事故的隐性成本是其直接成本的十倍之多，事故带来的损失原本应该是企业的利润。事故是潜在的最大成本！过程安全事故和作业安全事故的特征迥异，需要采用不同的策略来预防这两类事故。

过程安全事故可能导致灾难性的后果，对于涉及危险化学品的流程工业企业而言，生产安全不但影响企业的效益，更是企业续存的基础。需要通过系统的管理来预防过程安全事故。

过程安全管理系统包括若干管理要素，这些要素都是围绕过程危害的识别、消除和控制而设置的。过程危害分析是过程安全管理系统中一个非常重要的要素，它也可以是一项工作任务。开展过程危害分析的目的，是识别工艺系统中存在的主要危害，对这些危害可能导致的事故情景进行细致分析与评估，并提出必要的安全措施以降低运行的风险。就技术层面而言，主要依靠工程措施来预防火灾、爆炸和化学品泄漏等过程安全事故。

有多种开展过程危害分析的方法，它们各有所长，应根据工艺系统的特点选择一种或多种适当的分析方法。原则上，应尽可能在研发设计阶段就开展过程危害分析，将事故预防的关口前移。

第二章 风险标准

风险管理是企业运营期间预防损失的重要策略。过程危害分析是企业风险管理的重要组成部分。

在过程危害分析过程中，识别危害后，需要对相关事故情景的风险程度进行评估，从而决定是否需要增加更多的安全措施以降低风险。在此评估过程中，需要参考风险标准。

每家企业都可以参考行业的良好经验，建立本企业的风险标准，作为过程危害分析风险评估的判断依据。

第一节 引 子

经营企业都追求卓越运营。对于涉及危险化学品的企业而言，卓越运营通常是指安全、健康、环境友好和可持续赢利的运营状态。在企业里，每个人平时都在从事日常工作，通过日常的不懈努力追求企业卓越运营的目标。在这个过程中，必须做好损失预防才能达成卓越运营的目标（参考图 2-1）。

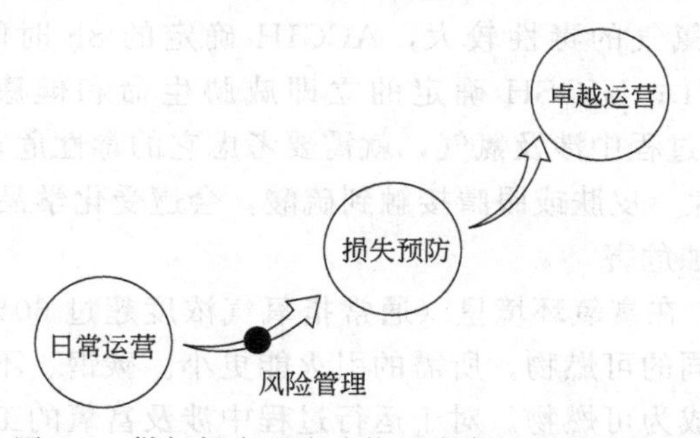

图 2-1 做好损失预防才能达成卓越运营的目标

人员伤亡、环境破坏、商务损失和企业声誉影响等都属于损失预防中的“损失”。损失预防是日常运营过程中的一项任务，完成此任务的策略（或途径）是风险管理。涉及危险化学品的流程企业，尤其需要通过合理的风险管理来避免各种损失。

在落实风险管理之初，首先需要确定本企业的风险标准。

第二节　危害与风险

在日常生活中，我们有时会说“这样做很危险”“这种情况很危险”。如果我们将“危险”拆开，一个是危字，危害可与之对应；另一个是险字，风险可与之匹配。但危害与风险是两个完全不同的概念。

危害是能够导致负面影响的事物，可以是一个物体、一种现象、一类行为或一项化学品的物性。通常可以将危害分成物理危害、化学危害和生物危害等不同的类别。

例如：

- 地板上残留的水是一种危害，人踏上后可能滑倒，导致摔伤。
- 焊接产生的弧光是一种危害，裸眼看它，会伤害眼睛。
- 噪声也是一种危害，长时间暴露在超标噪声环境里，会造成听力损伤。

本书中讨论的危害仅限于过程危害。过程危害是指生产过程或工艺系统中存在的化学条件或物理条件，它们能导致人员伤害、财产损失或环境损害。

涉及危险化学品的工艺装置或单元，总会存在某些过程危害。这些危害通常来自两个方面，一是所涉及的化学品的危害，一是工艺流程本身具有的危害。

化学品的危害是其所固有的特性，是化学品与生俱来的。只要涉及某种化学品，就需要面对其所具有的特定的危害。例如：

- 氢气易燃　工艺系统中如果用到氢气，就需要面对氢气易燃的特性。
- 氯气有毒　氯气的毒性较大，ACGIH确定的8h时间加权暴露平均值（TWA）是0.5μL/L；NIOSH确定的立即威胁生命和健康浓度（IDLH）是10μL/L。如果工艺过程中涉及氯气，就需要考虑它的毒性危害。
- 硫酸有腐蚀性　皮肤或眼睛接触到硫酸，会遭受化学品烧伤。使用硫酸就不得不考虑它的腐蚀危害。
- 氧气能助燃　在富氧环境里（通常指氧气浓度超过60%的情形），更容易发生燃烧，引燃相同的可燃物，所需的引火能更小。碳钢、不锈钢这些金属材料在富氧环境里也能成为可燃物。对于运行过程中涉及富氧的工艺系统，必须考虑富氧助燃的危害。
- 原油会造成污染　原油进入水体，会造成污染和破坏环境。

在开展过程危害分析时，可以通过化学品相关的资料，了解工艺过程中所涉及的化学品的危害。化学品安全技术说明书（简称MSDS）是识别化学品主要危害的重要途径。

来自工艺流程的危害比较复杂，它是由设备、管道和仪表的设计及操作运行方式所决定的。在工艺系统的详细设计中，有时候多一个阀门或少一个阀门，或者阀门的位置稍作改变，都可能产生新的危害。例如：

- 加氢反应　这类反应很常见，有些加氢反应的操作压力不超过 1.0MPa(G)（G是指表压，下同），有些反应则超过 20MPa(G)，两者危害的差异显而易见。
- 金属熔融　在熔融过程中，存在高温等危害。
- 可燃细粉料的处理　在化工和制药等行业，很多原料和产品以粉料的形式存在，在粉料加入工艺系统、干燥、筛分、输送和包装等环节，细颗粒的可燃粉尘（粒径小于或等于 400μm）与空气混合，能形成爆炸性混合粉尘，存在粉尘爆炸的危害。
- 废气通过火炬燃烧　燃烧期间会形成热辐射，空气与可燃物在燃烧区域混合，存在发生爆炸的危害。

一个工艺系统，一旦确定了详细设计方案和操作方法，主要危害就相应存在了。设计或操作条件做些许调整，工艺流程中所具有的危害就可能有所不同。工艺流程带来的危害往往不是一目了然，需要通过深入细致的分析才能识别出来。工艺系统存在危害，并不会马上出现事故，而是具有发生事故的基础条件。

由于化学品的某些危害会随组分、浓度、温度和压力等条件而改变，因此，化学品的危害与工艺流程的危害之间存在关联性。开展过程危害分析时，这两方面的危害都要识别、消除或控制。因此，化学品及工艺流程相关的资料是开展过程危害分析时所必需的基本信息，例如，在开展 HAZOP 分析时，需要事先获取相关危险化学品的资料（如化学品的 MSDS 文件）和工艺流程资料（如带控制点的管道仪表流程图，即 P&ID 图纸）。

只要有危害存在，就意味着有可能导致人们不愿意见到的某些负面影响或后果。有危害就可能带来风险。风险包括两个方面（两个元素），一是后果的严重性，一是导致后果的可能性。通常用风险等级来衡量不同的风险水平，它是由事故发生时的后果严重程度与导致该后果的可能性决定的。

可能性有几种不同的表达方式，包括：

- 概率，如“$1/10^5$”。例如，“在一年中，一名工人在某企业发生死亡的风险少于 $1/10^5$”。
- 频率，如“每年一次”。例如，“在 A 企业，每年发生两次员工误工伤害事故（损失工时的伤害事故）”。
- 定性描述，如“可以忽略”“很可能”。例如，“在一整年中，操作人员都是采用这种粉料操作方式，很可能导致尘肺病”（肺尘埃沉着病，下同）。

参考图 2-2，后果越严重、发生的可能性越大，对应的风险等级就越高；反之亦然。

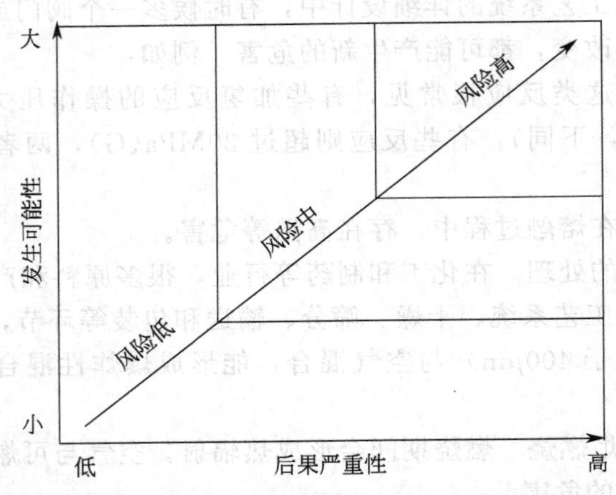

图 2-2 构成风险的两个元素：严重性与可能性

在企业运行期间，人们会自然而然地重视那些后果很严重的事故情景，但是仅仅后果严重并不一定风险就很高。例如，一家大型客机坠落在一个化工装置区，后果异常严重（灾难性的），但是这种事情发生的可能性极小，虽然后果严重，但风险却很低，因此我们并不担心它会发生。

另一方面，如果发生的可能性很大，但后果很轻微，风险也不会太高。例如，在办公室处理纸质文件时，偶尔纸张会划伤手指，这种事情发生的频次比较高，但是后果轻微，因此人们不太关注它（很少有人为了防止划伤手而带上手套处理纸质文件）。

后果严重且发生的可能性也较高的情形，风险就会高。例如，操作人员通过人孔敞口往反应器内投固体物料，如果反应器内存在毒性大的有机蒸气，在投料过程中，操作人员会暴露于有毒蒸气而遭受中毒，造成伤害甚至死亡。上述情形的后果较严重，而且敞口操作时发生中毒的可能性也较大，该情形的风险就较高（以人孔敞口方式往反应器内投加固体物料，对于安全、健康和环境都不利，风险较高，因此需要改进设计和改变操作方式，例如，可以考虑将敞口投料更改成密闭投料）。

第三节 风 险 标 准

在涉及危险化学品的企业，风险评估的目的是确认是否已经采取了必要的安全措施来防止各类事故的发生。工艺装置的风险评估不是仅仅编写一大堆文件和报告，而是务实地去识别存在的危害、及时采取措施降低工艺装置的运行风险。

风险评估需要参照风险标准，不同企业的风险标准会有所不同。在制订本企业的风险标准时，通常可以参考ALARP原则。

ALARP是英文As Low As Reasonably Practicable的首字母缩写，意思是在合理可行的情况下尽量降低风险。有时候也会见到缩写SFAIRP，它是英文So Far As Is Reasonably Practicable的缩写，与ALARP的意思是一样的。

ALARP原则是落实风险管理的良好指南，很多企业运用ALARP原则来衡量风险及需要的投入，它不是投入与风险的简单平衡，而是要看投入对于风险的降低是否合理和可行。例如，投入50万元修一个栈桥以避免操作人员攀爬储罐的直梯（攀爬直梯可能造成膝盖扭伤），这显然缺乏合理性，按照ALARP原则，它是不必要的。反之，投入50万元改造反应器的进料系统，目的是防止反应失控，避免内部爆炸和操作人员伤亡，这是很必要的。这些判断都是基于ALARP原则。

图2-3粗略表达了风险、投入和ALARP之间的关系。ALARP区域的左侧是高风险区域，如果事故情景的风险等级位于此区域，是不能接受的，必须采取措施进一步降低风险；在这个区域，适当的投入对于降低风险有较明显的效果。ALARP区域的右侧是风险可以被接受的区域，如果事故情景的风险等级位于此区域，是可以接受的，不需要再采取任何措施降低风险；在此区域，进一步的投入对于降低风险的作用不再明显。对于落在ALARP区

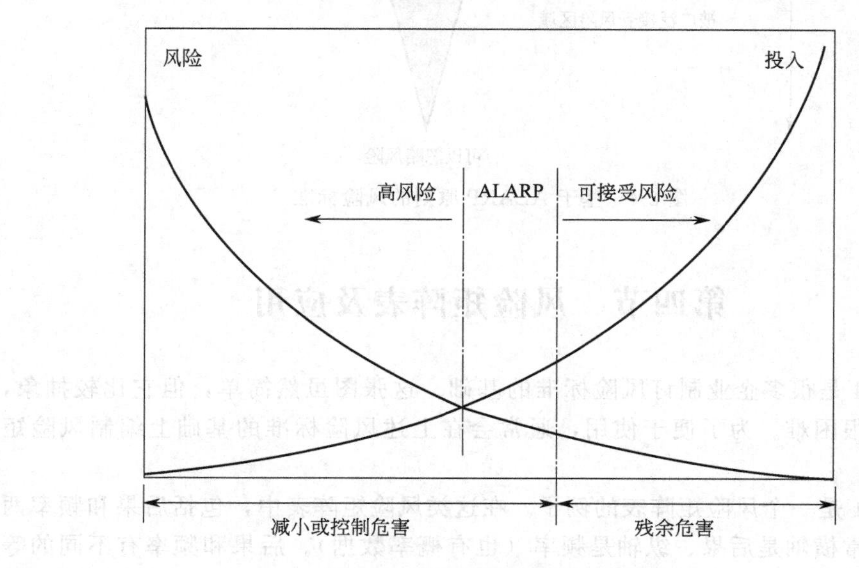

图2-3 风险与投入的相互关系

域内的事故情景，应该尽可能做些工作来继续降低风险，除非这么做不合理或实在做不到。

图 2-4 所表达的是基于 ALARP 原则的风险标准。因为意外造成企业员工死亡的概率大于 1×10^{-3}/a，通常是不可以接受的；基于同样的运行状态，企业围墙外的公众面临的风险会低一些，对于外部公众，造成一人死亡的概率应该不大于 1×10^{-4}/a。因为意外造成企业员工死亡的概率小于 1×10^{-6}/a，是被广泛接受的风险水平。将造成一人死亡的概率控制在 1×10^{-6}/a 或以下，对于大多数企业都是很大的挑战。实际情况是，为数不少的企业甚至是运行在高风险区域内(风险不可接受的区域)，这类企业需要及时降低风险，至少应该在 ALARP 区域内运行。

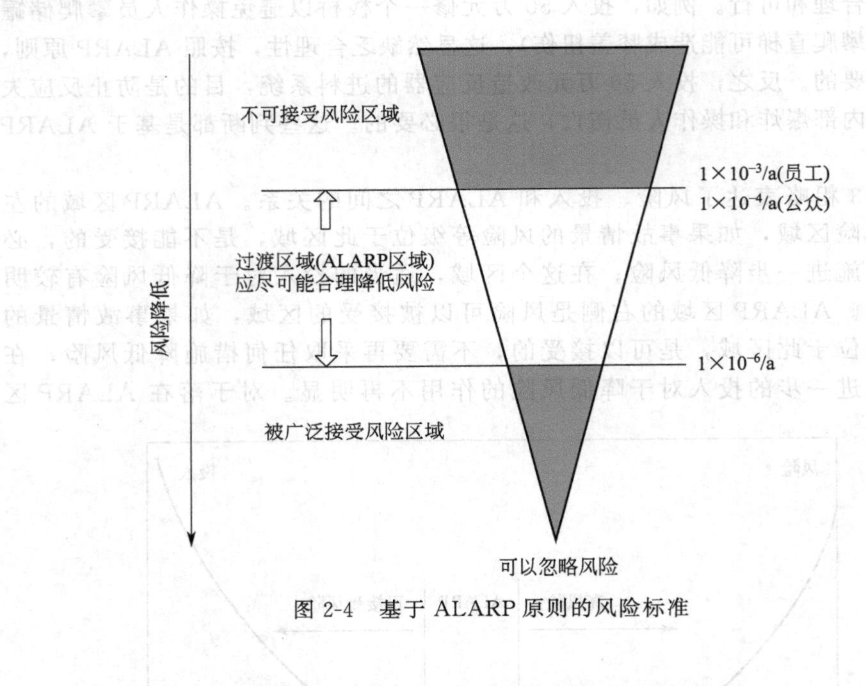

图 2-4　基于 ALARP 原则的风险标准

第四节　风险矩阵表及应用

图 2-4 是很多企业制订风险标准的基础。这张图虽然简单，但它比较抽象，使用起来很困难。为了便于使用，通常会在上述风险标准的基础上编制风险矩阵表。

表 2-1 是一个风险矩阵表的例子。在这类风险矩阵表中，包括后果和频率两条轴，通常横轴是后果、纵轴是频率（也有概率数据）。后果和频率有不同的等级。对于任何一种事故情景，根据其可能导致的后果和导致该后果的可能性（概

率），就可以通过风险矩阵表确定其风险等级。

有些企业的风险矩阵表在形式上正好与此相反，纵轴上的频率顺序是反过来的。这两种风险矩阵表只是形式上存在差异，它们本质上是一样的。

表 2-1 风险矩阵表

频率（概率）		后果				
		1. 轻微	2. 较重	3. 严重	4. 重大	5. 灾难性
1. 较多发生	10 年 1 次（1×10^{-1}/a）	D	C	B	B	A
2. 偶尔发生	100 年 1 次（1×10^{-2}/a）	E	D	C	B	B
3. 很少发生	1000 年 1 次（1×10^{-3}/a）	E	E	D	C	B
4. 不太可能	10000 年 1 次（1×10^{-4}/a）	E	E	E	D	C
5. 极不可能	100000 年 1 次（1×10^{-5}/a）	E	E	E	E	D

注：1. 表中的 A、B 和 C 区域是风险不可接受区域，需要采取更多措施降低风险。如果是落在 A 区，说明内在风险过高，要考虑重新设计或对设计进行审查和修订；如果是落在 B 区，必须新增工程措施；如果是落在 C 区，可以新增工程措施或适当的行政管理措施来降低风险。

2. E 区是可接受风险区域，不需要采取任何新的措施。

3. D 区是过渡区（ALARP 区域），风险基本上可以接受，但在合理和可行的情况下，应该尽可能采取更多措施来降低风险。

风险矩阵表通常还有一张附表，在附表中详细定义不同的后果等级。例如，在表 2-1 的风险矩阵表中，后果分成 5 个等级，频率也凑巧包含 5 个等级，因此它也称为 5×5 的矩阵。在行业里，有企业使用 7×7、6×6、6×5 等其他形式的矩阵，与举例中的这个矩阵大同小异。

在风险矩阵表中，可以用 A、B、C、D 和 E 等字母来表示风险等级，也可以采用数字来表示风险等级，两者本质上是一致的，仅形式上有差异。通常会用红、黄、绿或红、橙、黄、蓝、绿等不同颜色标出各个风险等级所在的区域，利用颜色区分出哪是高风险区域、哪是过渡区域、哪是风险可接受的区域。例如，在表 2-1 中，字母 A 所在区域对应的是红色区域、B 是橙色区域、C 是黄色区域、D 是蓝色区域、E 是绿色区域。其中 A 所在区域风险最高，B 次之，以此类推，E 所在区域的风险等级最低。

根据后果与导致后果的频率，可以从风险矩阵表中找出事故情景的风险等级。例如，某事故情景可能导致一名操作人员死亡，根据风险矩阵表附表 2-2 中的后果描述，可以查出后果等级是 4，假如这种情况每 100 年间可能发生一次，频率等级是 2，在风险矩阵表中，横向（频率）取数字 2 所在的行、纵向（后果）取数字 4 所在的列，行与列的交叉处是字母 B，说明该事故情景对应的风险等级是 B。

每家企业在开展过程危害分析之前，要先编制、确定本企业的风险矩阵表。表 2-1 中的风险矩阵表的基准点是：造成 1 人死亡的后果所对应的频率是 100000

年一遇（概率不超过$1\times10^{-5}/a$），即后果等级4和频率等级5对应的风险等级是E。此风险矩阵表仅作为本书中的示例，在本书后续章节的示例中，都将参照此风险矩阵表开展风险评估。

在表2-1举例的风险矩阵表中，对于任何一种事故情景：如果风险等级是E，说明风险已经足够低，完全可以接受，不再需要任何进一步的措施。如果风险等级是D，也是可以接受的风险水平，但它是落在过渡区内（即ALARP区域），如果可能的话，应尽量采取一些措施进一步降低风险。如果风险等级是A、B或C，说明当前的风险水平过高，必须新增措施降低风险，直至将风险等级降到D或E。

表2-2　风险矩阵表附表：后果描述

序号	后果等级	安全健康	环境损害	商务损失	声誉影响
1	轻微	操作人员受伤但不损失工作日	泄漏到收集系统以内的地方	设备损失不超过10万元;或者设备或装置停产不超过1天	无
2	较重	操作人员需就医,损失工作日 厂外人员需做包扎等处理	泄漏到收集系统以外的地方(数量较少且不超出企业界区)	设备损失超过10万元,但不超过100万元;或者设备或装置停产超过1天,少于或等于1周	无
3	严重	企业员工残疾伤害 厂外人员需要就医,误工伤害	明显泄漏到企业外,并影响周围邻居,可能遭投诉	设备损失超过100万元,但少于1000万元;或者设备或装置停产超过1周,少于或等于1月;或者严重影响对特定客户的供应	会受到当地媒体关注
4	重大	厂内1～2人死亡 厂外人员残疾伤害	明显影响环境,但短期内可以恢复	设备损失超过1000万元,少于或等于5000万;或者设备或装置停产超过1个月,少于或等于6个月;或影响市场份额	会受到省级媒体关注
5	灾难性	厂内3人或以上死亡 厂外人员1人或以上死亡	对周围社区造成长期的环境影响,会导致周围居民大面积应急疏散或带来严重健康影响	设备损失超过5000万;或者设备或装置停产超过6个月;或者可能失去市场	会受到国家级媒体关注

第五节　本章小结

预防事故以避免损失是实现企业可持续卓越运营的重要环节。企业可以通过风险管理的策略来预防事故和减少损失。我们时刻在与事故赛跑，风险管理是我们跑赢灾难性事故的重要策略之一。

危害与风险是两个不同的概念。危害是由工艺系统内在的特征所决定的；风险则包含后果的严重性和导致对应后果的可能性两个元素。

在开展过程危害分析时，可以依据风险标准来评估当前的风险水平，判断当前的风险是否过高、是否需要采取更多的安全措施。

不同企业的风险标准会有所不同。有些企业还没有建立自己的风险标准，可以参考 ALARP 原则制订本企业的风险标准。

第三章　HAZOP 分析方法

确保工艺装置安全运行的前提，是对它的主要危害有清楚的认识。识别存在的危害和全面深入理解危害可能导致的事故情景，有助于我们提出必要的措施，预防灾难性事故。

HAZOP 分析方法是识别工艺装置中各种主要危害的有效工具。它是针对工艺过程最系统、最有效的过程危害分析方法之一。

正确应用这种分析方法，可以帮助我们深刻认识工艺系统中存在的各种主要危害，降低工艺装置的运行风险。

第一节　引　　子

在工艺系统的日常运行中，与安全相关的危害通常有两种：一是与作业安全相关的危害，例如坠落、电击、缺氧的有限空间（窒息危害）、化学品暴露等。一是与过程安全相关的危害，例如反应失控大量放热、可燃粉尘与空气混合形成爆炸性混合粉尘、高压物料进入低压系统内使其超压等。

危害的识别、消除或控制是实现企业安全运行的重要工作。要消除与控制上述两类危害，基本前提是我们要能够将它们识别出来。

一种常见的有效识别作业安全危害的工具是作业安全分析。作业安全分析简称 JSA，还有个类似的名字——作业危害分析（简称 JHA）。JSA 是在开展作业任务之前，用来识别作业过程中安全危害的方法。它的做法是，先将一个复杂的作业任务分解成若干步骤，然后依次选择各个步骤，识别出其中的危害。如果当前风险过高，就增加一些安全措施以保护操作人员免遭伤害。作业危害分析（JHA）既包括作业安全的分析，也包括操作人员的职业健康危害分析；作业安全分析从字面上更强调作业相关的安全危害，在实际工作中，也会关心作业过程中的职业健康危害，因此，JSA 和 JHA 两者基本可以等同。作业安全分析是隶属于职业安全管理体系的一种工具，不属于过程安全的范畴，本书不做详细讨论。

与作业安全分析相对应，HAZOP 分析方法是有效识别过程危害的工具。如第一章所述，开展过程危害分析的方法有很多种，在这些方法中，对于流程工艺装置而言，HAZOP 分析是应用最广泛的一种方法，也是最重要的方法之一。本章将详细介绍定性的 HAZOP 分析方法，下一章进一步详细介绍融入保护层概念的半定量 HAZOP 分析方法及实践。

第二节　HAZOP 分析的概念

HAZOP 分析是一种引进的工作方法。它是 1960～1970 年由帝国化学公司（ICI）发明的一种过程危害分析方法。当时，该公司的工程师们是为了改善产品的品质而发明了这种分析方法。1974 年 6 月，英国弗利克斯巴诺（Flixborough）工厂发生了严重的化学品泄漏，泄漏出来的化学品快速气化，与空气混合形成爆炸性的蒸气云，蒸气云被引火源引燃并发生爆炸，这起事故造成了 28 人死亡、36 人受伤，摧毁了工厂的控制室及临近的设施，周围社区有 1821 间房屋受损。这起事故的影响非常深远！从 1977 年开始，英国石油公司（BP）和帝国化学公司率先将 HAZOP 分析方法应用于工艺装置的过程危害分析，此后，这种方法在西方工业界获得了广泛应用。

HAZOP 分析是针对工艺过程的最系统、最有效的过程危害分析方法之一，目前，在欧、美化工行业，对于危害较大的工艺装置开展过程危害分析时，基本上都会采用这种方法。

开展工艺系统的工程设计时，设计人员会参考各种标准、规范、设计指南以及设计人员自身的知识和经验，来确保工艺系统的安全性。随着流程工业行业的发展，工艺装置越来越复杂，涉及的化学品品种越来越多、甚至会新增一些危害更大的化学品，单靠设计者本人很难周全地消除或控制工艺系统中潜在的危害。此外，项目工期往往都很紧，设计人员的压力很大，在设计中出现安全漏洞在所难免。

为了避免企业投产后发生过程安全事故，或者花更多的投入来弥补此前设计上的缺陷，应该在工艺设计阶段尽可能消除或控制各种值得关心的危害。应用 HAZOP 分析等方法开展过程危害分析，正好可以帮助我们完善设计，消除工艺系统中的危害，或预先采取措施对它们加以合理的控制，从而提高工艺系统的安全性和可操作性。

应用 HAZOP 分析方法，主要是为了达到以下目的：

- 辨别工艺系统中存在的、可能导致人员伤害或严重影响生产运行的危害，分析现有安全措施失效时，上述危害可能导致的后果及出现此后果的可能性。

● 找出工艺系统中已经存在的安全措施（现有安全措施），评估在现有安全措施下，各种值得关心的事故情景的风险程度。

● 根据风险标准对事故情景开展风险评估，必要时增加新的安全措施，将风险降低到可以接受的水平，以实现可持续的安全运行。

不少涉及危险化学品的工艺装置，在设计阶段没有开展过过程危害分析，尽管运行了若干年也没有出现大的事故，并不代表它们就是安全的。事实上，它们可能是在带病运转，这也是为什么有些工艺装置在投产十年或更长时间后，仍然会发生灾难性的事故。

设计阶段没有开展过程危害分析，算是有了一笔欠账。这笔欠账（所欠缺的过程危害分析）必须还上，才能降低工艺装置的运行风险，避免出现灾难性的事故。

企业应该及时组织人员对相关的在役工艺装置补做过程危害分析，例如，采用 HAZOP 分析方法对在役的装置开展系统的分析，识别设备或管道故障、仪表失效、人为错误和外部影响等原因可能导致的事故情景，对这些事故情景的风险程度进行评估，必要时提议和落实更多的安全措施，以消除重大的过程安全事故隐患。此外，对于新建的项目，在设计阶段就应该开展 HAZOP 分析，根据分析报告完善项目的设计和今后的操作方法。

对一套工艺装置开展 HAZOP 分析，大致包括以下几个步骤：

（1）确定分析任务和工作范围。

（2）组建 HAZOP 分析小组。

（3）准备分析所需要的图纸和文件资料。

（4）会议安排。

（5）分析讨论会（面对面 HAZOP 分析会议）。

（6）编制、审核分析报告。

（7）报告提交与分发。

（8）跟踪落实 HAZOP 分析所提出的建议项。

狭义上讲，HAZOP 分析包括以上前七个步骤，HAZOP 分析报告完成后，这项工作就算完成了。但从广义上讲，特别是对于企业管理者而言，还应该包括第八步的工作。

本章主要从技术层面介绍 HAZOP 分析方法，关于以上各个步骤的详细阐述，请见第六章的内容。

第三节 HAZOP 分析相关的法规

HAZOP 分析在欧、美流程工业行业的应用已经很普遍，也已经比较成熟了。但目前仍然在不断改进，越来越多的企业开始将保护层概念应用到HAZOP分析中，这种原本定性的分析方法在逐步向半定量演变。

在我国，HAZOP分析方法的应用尚处在初级阶段。我国政府（特别是国家安监总局）认识到HAZOP分析工具的重要性，结合国内实际情况，采取了循序渐进的策略在我国危险化学品行业大力推广其应用，陆续出台了一系列相关规定。可以将迄今为止政府的推广工作非正式地归纳为四个阶段：

第一阶段，组织有条件的中央企业应用HAZOP分析工具。

2008年，国务院安委会颁布《国务院安委会办公室关于进一步加强危险化学品安全生产工作的指导意见》（安委办〔2008〕26号），其中的第三（16）条要求："……组织有条件的中央企业应用危险与可操作性分析技术（HAZOP），提高化工生产装置潜在风险辨识能力。"

2009年，国家安监总局颁布《国家安全监管总局关于进一步加强危险化学品企业安全生产标准化工作的指导意见》（安监总管三〔2009〕124号），其中第二（11）条要求："……有关中央企业总部要组织所属企业积极开展重点化工生产装置危险与可操作性分析（HAZOP），全面查找和及时消除安全隐患，提高装置本质安全化水平。"

第二阶段，要求所有企业积极开展HAZOP分析。

2010年，国家安监总局颁布《国家安全监管总局、工业和信息化部关于危险化学品企业贯彻落实＜国务院关于进一步加强企业安全生产工作的通知＞的实施意见》（安监总管三〔2010〕186号），其中第一（5）要求："……企业要积极利用危险与可操作性分析（HAZOP）等先进科学的风险评估方法，全面排查本单位的事故隐患，提高安全生产水平。"

2011年，国家安监总局颁布《国家安全监管总局关于印发危险化学品安全生产"十二五"规划的通知》（安监总管三〔2011〕191号），其中第三（2）条要求："积极指导企业采用科学的安全管理方法，提升管理水平。继续推动中央企业开展化工生产装置HAZOP，积极推进新建危险化学品建设项目在设计阶段应用HAZOP，逐渐将HAZOP应用范围扩大至涉及有毒有害、易燃易爆，以及采用危险化工工艺的化工装置。积极推进工艺过程安全管理。"

第三阶段，将完成HAZOP分析作为通过安全标准化一级评审的必要条件。

2011年，国家安监总局颁布《国家安全监管总局关于印发危险化学品从业单位安全生产标准化评审标准的通知》（安监总管三〔2011〕93号），在该通知的附件《危险化学品从业单位安全生产标准化评审标准》的第6.4条要求："一级企业涉及危险化工工艺和重点监管危险化学品的化工生产装置进行过危险与可操作性分析（HAZOP），并定期应用先进的工艺（过程）安全分析技术开展工艺（过程）安全分析。”

第四阶段，要求在设计阶段开展 HAZOP 分析，并定期开展 HAZOP 分析的复审工作。

2012 年，国家安监总局颁布《关于开展提升危险化学品领域本质安全水平专项行动的通知》（安监总管三〔2012〕87 号），其中第二（三）条要求：“……对涉及‘两重点一重大’的装置，要按照《化工建设项目安全设计管理导则》（AQ/T 3033—2010）的要求，在装置设计阶段进行危险与可操作性分析（HAZOP），消除设计缺陷，提高装置的本质安全水平。”其中第二（六）条要求“……逐步推行化工生产装置定期（每 3～5 年一次）开展危险与可操作性分析（HAZOP）工作。”

2013 年，国家安监总局颁布《国家安全监管总局、住房城乡建设部关于进一步加强危险化学品建设项目安全设计管理的通知》（安监总管三〔2013〕76 号），其中第二（三）条要求：“建设单位在建设项目设计合同中应主动要求设计单位对设计进行危险与可操作性（HAZOP）审查，并派遣有生产操作经验的人员参加审查，对 HAZOP 审查报告进行审核。涉及‘两重点一重大’和首次工业化设计的建设项目，必须在基础设计阶段开展 HAZOP 分析。”

2013 年，国家安监总局颁布《国家安全监管总局关于加强化工过程安全管理的指导意见》（安监总管三〔2013〕88 号），其中第三（五）条要求：“……对涉及重点监管危险化学品、重点监管危险化工工艺和危险化学品重大危险源（以下统称‘两重点一重大’）的生产储存装置进行风险辨识分析，要采用危险与可操作性分析（HAZOP）技术，一般每 3 年进行一次。对其他生产储存装置的风险辨识分析，针对装置不同的复杂程度，选用安全检查表、工作危害分析、预危险性分析、故障类型和影响分析（FMEA）、HAZOP 技术等方法或多种方法组合，可每 5 年进行一次。企业管理机构、人员构成、生产装置等发生重大变化或发生生产安全事故时，要及时进行风险辨识分析。企业要组织所有人员参与风险辨识分析，力求风险辨识分析全覆盖。”

第四节　HAZOP 分析相关的概念

如图 3-1 所示，上游较高压力的介质经由压力调节阀减压后进入储罐 V-100。在正常情况下，尽管上游的压力较高，但储罐 V-100 不会出现超压的情况，因为进入储罐的介质经过阀门 PV101 时，压力接受了调节，进入储罐的介质压力是设计者在设计时所期望的。可见，在正常的情况下（PV101 的压力调节回路正常工作），进入储罐 V-100 的压力符合设计意图，不会出现超压。

但是，当阀门PV101所在的压力调节回路出现故障，使得阀门PV101开度过大时，压力高的介质从上游大量进入储罐V-100（这是一种异常的情形）。储罐内的压力会升高，甚至导致储罐超压和破裂，罐内物料从破裂处泄漏至大气中。如果储罐内存有易燃或有毒物料，就能造成火灾、爆炸或人员暴露中毒等后果，演变成安全事故。可见，事故之所以会发生，是因为工艺系统出现了异常的情形，或者说出现了偏离设计意图的状况。

单纯从安全运行的角度看，我们并不需要关心工艺系统运行期间的那些正常状态（即符合设计意图的运行状态，如图3-1中，阀门PV101正常调节介质压力的状态），因为在正常状态下不会发生事故。真正需要关心的，是工艺系统中可能出现的各种异常情形（例如调节阀PV101所在回路发生故障，压力高的介质进入储罐的情形），异常情形会导致事故和不良的后果。

HAZOP分析方法正是帮助我们识别工艺系统中各种异常情形的工具。

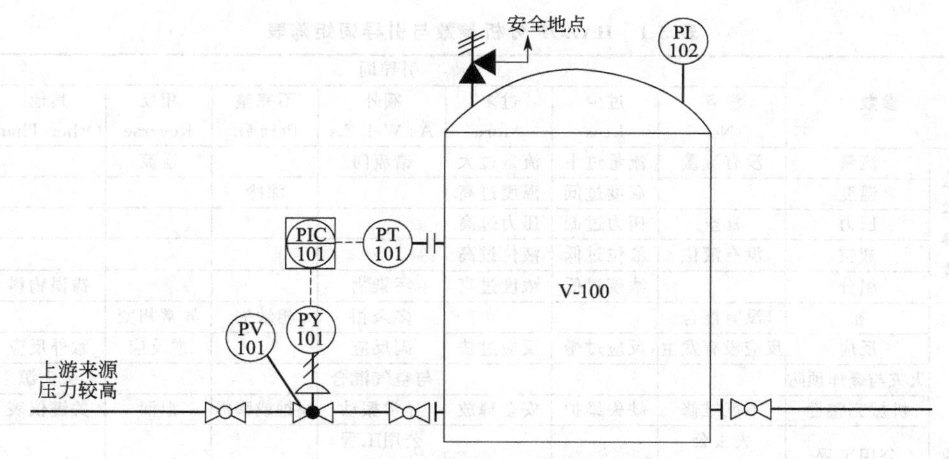

图3-1 压力调节回路故障导致储罐超压

一、分析小组

HAZOP分析由一个分析小组负责完成。分析小组中包括一名小组组长和其他小组成员。对于较大规模的HAZOP分析，通常还有一位助手，在分析讨论会议期间负责记录工作。

关于HAZOP分析小组的成员构成及职责，请详见第六章。

二、节点

HAZOP分析面向的对象是工艺系统。工艺系统原本是一个完整的整体，为了便于工作，人们将工艺系统表达在一张张带控制点的管道仪表流程图（P&ID图）

上，目的是化整为零、化繁为简。试设想，如果将一套复杂的工艺装置都画在同一张P&ID图上，图上的内容就会非常多，密密麻麻，阅读和使用都不方便。反之，将工艺装置合理分布在若干张P&ID图上，每张图纸上的内容密度适当，用起来就比较方便。将完整的工艺系统分割，并绘制在一张张P&ID图纸上，主要是为了使用上的便利。类似地，在进行HAZOP分析时，为了便于开展分析工作，我们将工艺系统划分成若干个子系统，每一个子系统称为一个“节点”（英文对应的词汇是“Node”）。通常，一套工艺系统可以划分成几个或者几十个节点。在开展HAZOP分析时，依次对每一个节点所包含的工艺部分展开分析。

三、参数

参数是指HAZOP分析过程中用到的一系列名词，如流量、温度、压力、液位和组分等（参考表3-1）。

表3-1 HAZOP分析参数与引导词矩阵表

参数		引导词						
		没有 No	过少 Less	过多 More	额外 As Well As	不完整 Part Of	相反 Reverse	其他 Other Than
基本参数	流量	没有流量	流量过小	流量过大	错流向		逆流	
	温度		温度过低	温度过高		深冷		
	压力	真空	压力过低	压力过高				
	液位	没有液位	液位过低	液位过高				
	组分		浓度过低	浓度过高	污染物			错误物料
辅助参数	相	没有混合			多余相	相缺失	异常相变	
	反应	反应没有发生	反应过慢	反应过快	副反应		逆反应	意外反应
	火灾与爆炸预防				与空气混合			引火源
	机械完整性	不能维修	缺失维护	安全释放	异常振动	腐蚀或磨损	泄漏	关键仪表
	公用工程	失去公用工程			公用工程被污染			
	非常规操作	步骤遗漏	执行太晚	执行太早	开停车	首次投产	维修作业	取样
	人为因素					人为因素		
	现场设施				设施布置			
	人员安全	操作人员安全						
	外部影响				外力影响			异常气候
	装置界面				装置界面			
	以往事故				事故教训			

在表3-1中，左起第二列中所列出的流量、温度、压力、液位和组分称为基本参数，它们与我们通常理解的工艺参数有些类似。还有一些其他的参数，如“相”“公用工程”等，它们并不是通常意义上的工艺参数，为了便于讨论，姑且将它们称作辅助参数。可见，在HAZOP分析中所用到的“参数”，超出了传统意义上的工艺参数的范畴。

四、引导词

引导词是一些词汇，HAZOP分析小组用这些词汇与参数搭配，得出异常的工况，并以此为线索，识别工艺系统中的事故情景。

在表3-1中的前两行里，列出了HAZOP分析时常用的7个引导词，分别是：没有（No）、过少（Less）、过多（More）、额外（As Well As）、不完整（Part Of）、相反（Reverse）及其他（Other Than）。

表3-2中列出了这些引导词的基本含义。

表3-2 引导词的基本含义

引导词	基本含义
没有(No)	设计的意图没有实现，或操作没有到位 举例 没有流量
过少(Less)	与设计意图的要求相比较，在数量上或时间上存在不足 举例 流量过小
过多(More)	与设计意图的要求相比较，在数量上或时间上超出 举例 流量过大
额外(As Well As)	在设计意图的基础上，多出了某些东西 举例 错流向(多出了一股从A处流到B处的物料)
不完整(Part Of)	只是部分满足了设计意图的要求 举例 相缺失，设计要求气液两相，却只余下了气相
相反(Reverse)	出现了与设计意图的要求相反的情形 举例 逆流
其他(Other Than)	发生了意料之外的情形 举例 异常的气候条件

将这些引导词与相关的参数结合在一起，会得出各种异常情形。

在表3-1中，从左边第二列中选择一个参数，然后从第二行中选择一个引导词，参数所在行与引导词所在的列交叉的方格里，是两者搭配的结果。例如，从第二列中选择参数“液位”，然后从第二行中选择引导词“过多”，两者搭配得到“液位过高”。相对于正常操作的液位范围，“液位过高”是一种异常情形。

又如，在表3-1中，分别选择参数“流量”和引导词“没有”，将两者搭配在一起，就会得到“没有流量”。相对于正常操作时有流量的状态，“没有流量”是一种异常情形。譬如，连接进料贮罐至反应器之间的管道中，正常生产时是有流量的，流量的大小是$20m^3/h$，安全操作范围是$15\sim25m^3/h$，因为某种原因导致管道中没有流量了，没有流量（流量是$0m^3/h$）相对于正常流量而言是一种异常的情形。类似地，将参数“流量”和引导词“过少”搭配，得到异常情形“流量过小”；将参数“压力”与引导词“过多”搭配得到异常情形“压力过高”，依此类推。

引导词是HAZOP分析方法中非常重要的概念，运用引导词与参数搭配识别异常情形是这种方法的一项重要特征。通过引导词与参数相互搭配，可以得到一系列分析讨论的线索，这些线索帮助分析人员系统地识别工艺系统中可能出现的各种异常情形及由此产生的事故情景，进而可以开展深入的分析与风险评估。

五、HAZOP分析工作表

HAZOP分析最主要的环节，是分析小组全体成员互动讨论的过程（类似于头脑风暴）。分析小组在讨论过程中，需要及时将相关的讨论结论记录在HAZOP分析工作表中。不同的企业在开展HAZOP分析时，所采用的工作表可能略有差别，但主要的栏目通常大同小异。

通常，每一个节点有一张自己独立的分析表格。

表3-3是一张最简单的HAZOP分析工作表。

表3-3 最简单的HAZOP分析工作表

HAZOP分析工作表

项目名称	
评估日期	
节点编号	
节点名称	
节点描述	
设计意图	
图纸编号	

编号	参数+引导词	偏离描述	原因	后果	现有措施	S	L	R	建议项类别	建议项编号	建议项

在这张表中，上部是项目和节点的基本情况，包括项目名称、评估日期、节点编号、节点名称、节点描述、设计意图和本节点对应的图纸编号等。

项目名称是指新建项目的名称，或者在役装置的名称，例如“新建♯3丙烯腈装置”。

评估日期是指对本节点开展HAZOP分析的工作日期，例如“2016-11-18”。

节点编号是指本节点的编号，例如“节点2”“节点100-3”。

节点名称是指本节点的名称，通常是一个简短的名字，例如“氧化反应器R-101”。

节点描述是对本节点所包含的主要工艺系统的说明，通常会列出本节点所包含的一些主要设备，例如“氧化反应器系统，包括反应器R-101和反应尾气冷凝器E-101”。

设计意图是指本节点的工艺单元所需要达成的工艺目的，还可以在此处填写与工艺过程密切相关的一些重要工艺参数。例如“在反应器R-101内完成X与Y的氧化反应，设计温度230℃、操作温度180℃，设计压力2.2MPa(G)、操作压力1.6MPa(G)”。

HAZOP分析工作表的主体部分包括若干列。以表3-3为例，从左到右依次是“编号”“参数+引导词”“偏离描述”“原因”“后果”“现有措施”“*S*”“*L*”“*R*”“建议项类别”“建议项编号”和“建议项”。

(1) 编号　在这一列中填写事故情景的编号。它可以是事故情景的顺序号，用阿拉伯数字1、2、3等来表示。最好写成*X*-Y的形式，这里的*X*是节点编号、*Y*是本节点事故情景的序号。例如，编号“2-3”代表第2个节点中的第3种事故情景，编号“100-1-2”代表节点100-1中的第2种事故情景。这种记录方式可以确保HAZOP分析报告中的每一种事故情景的编号都是唯一的，而且便于查找事故情景。

(2) 参数+引导词　这一列是参数与引导词的搭配，例如，在开展HAZOP分析时，先选择参数“流量”，然后选择引导词“没有”，两者的搭配是“没有流量”。类似地，还有“流量过小”“流量过大”“逆流”“压力过高”“液位过低”等。在实际的分析过程中，如果分析小组的经验足够丰富，通常不再需要临时去组合参数与引导词，而是自然而然地直接采用“没有流量”“流量过小”“流量过大”等描述偏离的词汇来开展分析，这类搭配表达的是一种笼统的偏离，为了工作方便，不妨将它们视为HAZOP分析广义上的“引导词”(广义引导词)。

(3) 偏离描述　这一列是对偏离的详细描述，是在“参数+引导词”的笼统偏离的基础上，对“偏离”进行更加详细和准确的描述。开展HAZOP分析时，只需要关心那些偏离正常工况的情形。在分析过程中，需要把已经识别出来的偏离的情形做详细描述，并记录在这一列里。例如，“从分离罐V-101经阀门PV101至储罐V-102没有流量”是典型的偏离描述，它是对“没有流量”这一偏离的详细说明。

(4) 原因　这一列中记录的是导致事故情景的直接原因。事故的原因通常包括两种，一是直接原因，一是事故的根源。事故的根源都是管理上存在的某些缺陷，需要花费较多时间和努力、运用专业分析工具才能找出来(例如通过仔细取证后，可以运用故障树分析方法系统地开展事故根源分析)。在开展HAZOP分析时，只考虑造成事故情景的直接原因，包括设备或管道故障、仪表故障、失去公用工程、人的操作失误和外部原因等等，如“阀门PV101故障开启”“操作人员开错进料阀门HV201”等。

(5) 后果　这一栏中记录事故情景的后果，包括安全健康环境相关的后果和对生产操作的影响。至少需要填写好安全相关的后果，例如“分离罐 V-101 内压力升高甚至超压，易燃物料泄漏至大气，与空气混合形成爆炸性混合物，遇到引火源发生燃烧，形成喷射火，导致附近1～2名操作人员烧伤”。

(6) 现有措施　这一列中逐个列出已经存在的安全措施。对于新建工艺装置，所谓的现有措施，是指那些已经体现在设计中的安全措施（已经记录在相关的设计图纸和文件中）。在役装置的现有措施，主要是指已经安装在现场的工程措施和已经存在的行政管理措施（例如，写入了操作规程的安全操作要求）。

(7) *S*　是事故情景后果的严重程度。通常用数字来表示，例如1、2、3等。

(8) *L*　是导致事故情景的后果的可能性。

(9) *R*　是事故情景的风险等级，它是由 *S* 和 *L* 所决定的。

(10) 建议项类别　此列中列出建议项的类别，通常包括“安全”“健康”“环境”和“生产”等类别。如果所提出的建议项是为了安全目的，则其类别是“安全”，如果是为了减少环境影响，则其类别是“环境”，依此类推。

(11) 建议项编号　每一条建议项都有一个自己的编号，便于查阅及跟踪落实。编号可以是自然顺序号，例如1、2、3等。比较好的方式是采用“*X-Y*”的形式，其中 *X* 是节点编号，*Y* 是本节点中建议项的顺序号，例如，建议项的编号是“3-2”，代表这是第3个节点中的第2条建议项，这样既便于查找建议项，也可以确保整个 HAZOP 分析报告中的每一条建议项都有各自唯一的编号。

(12) 建议项　此列中记录分析小组提出的建议意见。

第五节　HAZOP 分析举例

通过以下举例，说明如何对工艺系统开展 HAZOP 分析。

一、工艺系统说明

图3-2是一个乙炔气体的水分离罐，位于车间的厂房内。平时，有2名操作人员在这个车间内工作。

正常操作时，来自压缩单元的乙炔气体夹带有少量水分，它们经阀门 XV202 进入分离罐 V-202。在分离罐 V-202 中，乙炔气体与水分离，乙炔气体经阀门 PV202 进入下游工艺单元 U300。分离罐有液位控制，阀门 LV202 会自动开启将累积的水排入废水罐 V-203，然后由泵 P-203 送到处理单元 U700。

如果阀门 XV202 关闭，阀门 XV201 会自动开启，将来自上游的乙炔气体排放至处理单元 U600。如果分离罐 V-202 内压力持续升高，可以从安全阀 PSV-202 泄压至处理单元 U600。

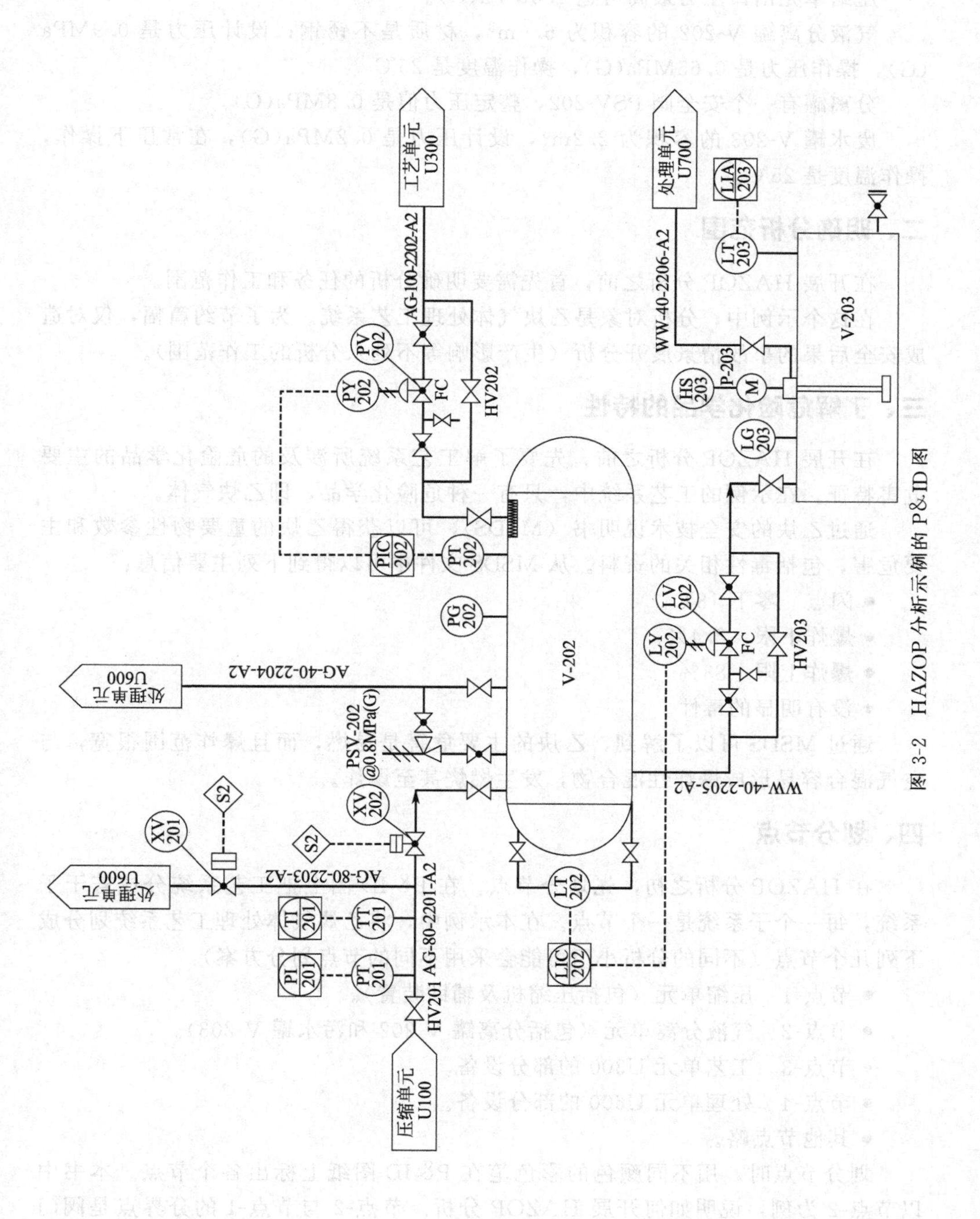

图 3-2 HAZOP 分析示例的 P&ID 图

压缩单元出口压力最高可达 1.6MPa(G)。

气液分离罐 V-202 的容积为 6.6m^3，材质是不锈钢；设计压力是 0.9MPa(G)，操作压力是 0.65MPa(G)，操作温度是 25℃

分离罐有一个安全阀 PSV-202，整定压力值是 0.8MPa(G)。

废水罐 V-203 的容积为 2.2m^3，设计压力是 0.2MPa(G)，在常压下操作，操作温度是 25℃。

二、明确分析范围

在开展 HAZOP 分析之前，首先需要明确分析的任务和工作范围。

在这个示例中，分析对象是乙炔气体处理工艺系统。为了节约篇幅，仅对造成安全后果的事故情景展开分析（生产影响等不列入分析的工作范围）。

三、了解危险化学品的特性

在开展 HAZOP 分析之前，先要了解工艺系统所涉及的危险化学品的主要危害特征。在示例的工艺系统中，只有一种危险化学品，即乙炔气体。

通过乙炔的安全技术说明书（MSDS），可以获得乙炔的重要物性参数和主要危害，包括毒性相关的资料。从 MSDS 文件中可以得到下列主要信息：

- 闪点　零下 18℃。
- 爆炸下限　2.4%。
- 爆炸上限　83%。
- 没有明显的毒性。

通过 MSDS 可以了解到，乙炔的主要危害是易燃，而且爆炸范围很宽，与空气混合容易形成爆炸性混合物，发生燃烧甚至爆炸。

四、划分节点

在 HAZOP 分析之初，先划分节点。在 P&ID 图上把工艺系统分成若干子系统，每一个子系统是一个节点。在本示例中，将乙炔气体处理工艺系统划分成下列几个节点（不同的分析小组可能会采用不同的节点划分方案）：

- 节点-1　压缩单元（包括压缩机及辅助装置）。
- 节点-2　气液分离单元（包括分离罐 V-202 和污水罐 V-203）。
- 节点-3　工艺单元 U300 的部分设备。
- 节点-4　处理单元 U600 的部分设备。
- 其他节点略。

划分节点时，用不同颜色的彩色笔在 P&ID 图纸上标出各个节点。本书中以节点-2 为例，说明如何开展 HAZOP 分析。节点-2 与节点-1 的分界点是阀门 XV202（阀门上游部分属于节点-1），节点-2 与节点-3 的分界点是阀门 PV202 下游、进入单元 U300 的截止阀。

五、开展分析工作

完成节点划分后，分析小组的组长会带领小组成员，应用引导词，逐个节点展开分析，直到完成所有节点的分析为止。

HAZOP 分析最重要的任务，是要识别工艺系统中的主要危害，以及由它们导致的事故情景（也有人称之为事故剧情或事故场景），然后对这些事故情景进行风险评估，必要时提出更多安全措施以降低风险。HAZOP 分析主要是识别、剖析、理解和评估事故情景的过程。

以下以节点-2 为例说明 HAZOP 分析的基本过程。仅选择“没有流量”这一偏离来举例说明，且只关心安全相关的后果。分析时，将所有重要的结论都记录在 HAZOP 分析工作表中。

将引导词“没有”与参数“流量”搭配，就会得到“没有流量”这一偏离。为了便于分析，我们可以将“没有流量”视为一个广义的引导词，其他参数和引导词的搭配也可以做类似的处理。

在 HAZOP 分析工作表的“编号”一列中写下“2-1”，代表这是第 2 个节点的第 1 种事故情景。

在 P&ID 图上选择分离罐 V-202 的进料管道，根据“没有流量”的提示，在“偏离描述”一列中，详细描述出进料管道没有流量的情形，即“从压缩单元经阀门 XV202 至分离罐 V-202 没有流量”。

完成偏离描述后，先讨论一下这一偏离是否会带来不良的安全后果。在这个具体的事故情景中，如果没有乙炔气体进入分离罐 V-202，对分离罐不会造成任何值得关心的安全问题。因此在“后果”一列中填写“没有明显的安全后果”。如果一种事故情景不会带来明显的后果，分析就可以到此为止，不需要花时间再对这一事故情景做深入分析；当然，也可以在“原因”一列中简单写下造成相关偏离的原因。在举例的这一起事故情景中，可以写下原因“上游压缩机故障，或上游阀门故障关闭（如 XV202 故障关闭）”。有些人在开展 HAZOP 分析时，如果遇到上述情形（即通过讨论没有发现值得关心的后果），就直接转到下一起事故情景的讨论，不做任何记录。这么做的好处是节约时间和减少报告的篇幅；不足之处是，读报告的人不知道这一起事故情景是否讨论过（因为没有任何记录）。比较好的做法是对于基本参数（流量、温度、压力、液位和组分等）相关的事故情景，无论是否存在值得关心的后果，最好还是留下相关的记录。

此处，读者可能会产生一个疑问，假如分离罐 V-202 上游阀门 XV202 故障关闭，在该阀门上游的管道内或许会出现超压的情况，怎么能说没有明显的安全后果呢？这里涉及 HAZOP 分析的一个重要原则：在对某个节点展开分析时，只关心后果落在本节点的事故情景。上游阀门 XV202 关闭，对于本节点（节点-

2，分离罐V-202所在节点）没有明显的安全后果，或者说没有明显的后果落在本节点的范畴内，当我们对这个节点展开分析时，就可以忽略它。上游阀门XV202故障关闭，可能会对上游系统（节点-1）造成影响，甚至带来某些不良后果，这一点会在对节点-1分析时予以考虑。例如，在节点-1的分析过程中，讨论阀门XV202的上游管道内没有流量的异常情形时，其中一种原因就是阀门XV202故障关闭，倘若它会对节点-1造成不良影响，分析小组在对节点-1做分析时，就需要对此事故情景做详细的讨论。在对某一节点做分析时，如果后果落在其他节点里（分析流量参数相关的异常情形时，这种情况比较常见），分析小组可以临时把它记录下来，以免在对相关节点讨论时发生遗漏，可以用醒目颜色的字体临时记录在HAZOP分析工作表中，在最终的分析报告中将它删除，也可以临时记录在会议室的白板上，或组长自己记录在笔记本上以备忘。

下面转到另一种事故情景的讨论，在HAZOP分析表格的“编号”一列中写上“2-2”，这是第2个节点的第2种事故情景。在这种事故情景里，我们讨论分离罐气相出口管道没有流量的情形，根据“没有流量”的提示，在“偏离描述”一列中写下偏离的详细描述“从分离罐V-202经阀门PV202至下游工艺单元U300没有流量”。

分析小组对这种情形做简单讨论后，发现它可能导致值得关心的安全后果，因此需要仔细讨论。经过讨论，发现有几种原因都会导致气相出口管道没有流量，每一种原因各自对应一种事故情景，因此要针对每一种原因分别展开讨论。在这个例子中，存在以下两种事故情景：

- 气相管道上的压力调节阀PV202故障关闭，导致气相出口管道内没有流量。
- 气相管道上的手动阀被误关，导致气相出口管道内没有流量。

针对以上两种事故情景，分别进行分析，事故情景的编号分别是2-2和2-3。

先来分析事故情景2-2。造成这种事故情景的原因是气相管道上的阀门PV202故障关闭，将这个原因写在HAZOP分析工作表的“原因”一列中，然后讨论这种事故情景可能导致的后果。

在本例中，当分离罐V-202气相管道上的阀门PV202故障关闭后，上游乙炔气体仍然会持续进入分离罐内，分离罐内的压力会升高，甚至超压（根据工艺设计可以知道，分离罐内的压力最高能达到1.6MPa(G)，超过了分离罐设计压力的1.5倍)，乙炔气体会从分离罐的法兰连接处泄漏到车间内，然后与空气混合形成爆炸性混合物，遇到引火源会发生爆炸，在车间内工作的2名操作人员可能遭受伤亡。将上述后果的描述写入“后果”一列中。

下一步，找出针对此事故情景的现有安全措施，写在“现有措施”一列中。在这个例子中，分离罐V-202上有安全阀PSV-202，其整定压力是0.8MPa(G)，当压力达到上述整定压力时，安全阀会起跳泄压。将这些安全措施分别记录在现有措施一列中。值得一提的是，开展定性的 HAZOP 分析期间，分析人员往往难以对现有安全措施的有效性做出很客观的判断，会出现低估或高估风险的情况。在此处，针对调节阀 PV202 故障关闭导致分离罐 V-202 超压的情形，分析小组很容易将以下几项列为现有措施：

- 压力指示与报警（PIC202），操作人员根据报警应急响应。
- 现场压力表（PG202），操作人员可以通过此现场压力表查看分离罐的压力。
- 调节阀 PV202 有旁路，操作人员可以开启旁路上的阀门 HV202。
- 安全阀 PSV-202［0.8MPa(G)］，分离罐 V-202 超压时，安全阀会起跳泄压。

如果分析小组将以上几条作为阀门 PV202 故障关闭所引起事故情景的现有措施，很可能不再增加新的安全措施（因为已经有 4 条措施了）。如此会造成大大低估该事故情景的风险，因为上述四条措施都不是有效的措施，本书第四章中对此有详细说明。第四章中所述的融入保护层概念的半定量 HAZOP 分析方法，可以较准确地判断安全措施的有效性，避免低估事故情景的风险。

分析小组根据以上的讨论，参考风险矩阵表（第 2 章表 2-1 与表 2-2），凭经验对事故情景的后果、现有措施等进行综合判断，确定事故情景的风险等级。如果当前的风险等级在可以接受的区域，就不需要更多的安全措施，并结束本事故情景的讨论；否则，如果觉得风险过大，则需要进一步讨论并提出更多安全措施以降低风险。在本例中，分析小组判断当前的风险较高，因此建议“在分离罐 V-202 上增加一个压力变送器，当压力达到设定值时［0.75MPa(G)］，自动关闭分离罐入口管道上的阀门 XV202”。此外，由于缺少安全阀 PSV-202 的详细资料，不清楚该安全阀是否有足够的释放能力来满足气相管道上阀门关闭时的泄压要求，因此建议“核算分离罐 V-202 上安全阀 PSV-202 的释放能力，确认其满足气相管道上阀门关闭时的泄压要求，并将安全阀进、出口管道上的阀门保持锁开”。将上述两条建议写入建议项一列中，至此，分析小组完成了事故情景 2-2 的分析。

类似地，分析小组可以完成事故情景 2-3 和 2-4 的分析，从而完成本节点中“没有流量”这一广义引导词相关的所有事故情景的分析。

分析小组还需要参考其他广义引导词，对相关的事故情景进行分析，直到所有的广义引导词都用过一遍，才算完成本节点的分析。在分析过程中，有些引导词不适用于本节点，可以忽略它们，选择下一个广义引导词继续分析。

其他节点的分析方法与此类似。

完成所有节点的分析后，讨论分析工作就基本完成了。见表 3-4。

HAZOP 分析的基本过程如图 3-3 所示。

在开展 HAZOP 分析之前，先要明确分析任务和做好各项准备工作，在本书第六章中有详细说明。

表 3-4 HAZOP 分析工作表

项目名称	乙炔处理装置
评估日期	2016 年 12 月 22 日
节点编号	2
节点名称	气液分离单元
节点描述	气液分离罐 V-202，废水罐 V-203
设计意图	在气液分离罐 V-202 内将乙炔气体与含有的少量水分离 气液分离罐 V-202 的容积为 6.6m³，设计压力 0.9MPa(G)，操作压力 0.65MPa(G)，操作温度 25℃ 废水罐 V-203 的容积为 2.2m³，设计压力为 0.2MPa(G)，常压操作，操作温度 25℃
图纸编号	PID-200-001 Rev. 1

编号	参数＋引导词	偏离描述	原因	后果	现有措施	*S*	*L*	*R*	建议项类别	建议项编号	建议项
2-1	没有流量	从压缩单元经阀门 XV202 至分离罐 V-202 没有流量	上游压缩机故障，或上游阀门故障关闭（如 XV202 故障关闭）	没有明显的安全后果							
2-2	没有流量	从分离罐 V-202 经阀门 PV202 至下游工艺单元 U300 没有流量	气相管道上的阀门 PV202 故障关闭	分离罐 V-202 内压力升高，甚至超压［最高压力能达到 1.6MPa(G)］，乙炔气体从分离罐泄漏到车间内，与空气混合形成爆炸性混合物，遇到引火源发生爆炸，周围的 1～2 名操作人员伤亡	分离罐 V-202 上有安全阀 PSV-202，整定压力 0.8MPa(G)	4	3	C	安全	2-1	在分离罐 V-202 上增加一个压力变送器，当压力达到设定值时［0.75MPa(G)］，自动关闭分离罐入口管道上的阀门 XV202

续表

编号	参数+引导词	偏离描述	原因	后果	现有措施	S	L	R	建议项类别	建议项编号	建议项
									安全	2-2	核算分离罐V-202上的安全阀PSV-202的释放能力，确认它满足气相管道阀门关闭时的泄压要求。将安全阀进出口管道上的手动阀保持锁开状态
2-3	没有流量	从分离罐V-202经阀门PV202至下游工艺单元U300没有流量	气相管道上手动阀被误关（阀门PV202上游任意一个手动阀被误关）	分离罐V-202内压力升高，甚至超压[最高压力能达到1.6MPa（G）]，乙炔气体从分离罐泄漏到车间内，与空气混合形成爆炸性混合物，遇到引火源发生爆炸，周围的1～2名操作人员伤亡	分离罐V-202上有安全阀PSV-202，整定压力0.8MPa(G)	4	3	C			参考建议项2-1及建议项2-2
2-4	没有流量	从分离罐V-202经阀门LV202至废水罐V-203没有流量	排水管道上的阀门LV202故障关闭	分离罐V-202内液位会升高，参考本节点“液位过高”							

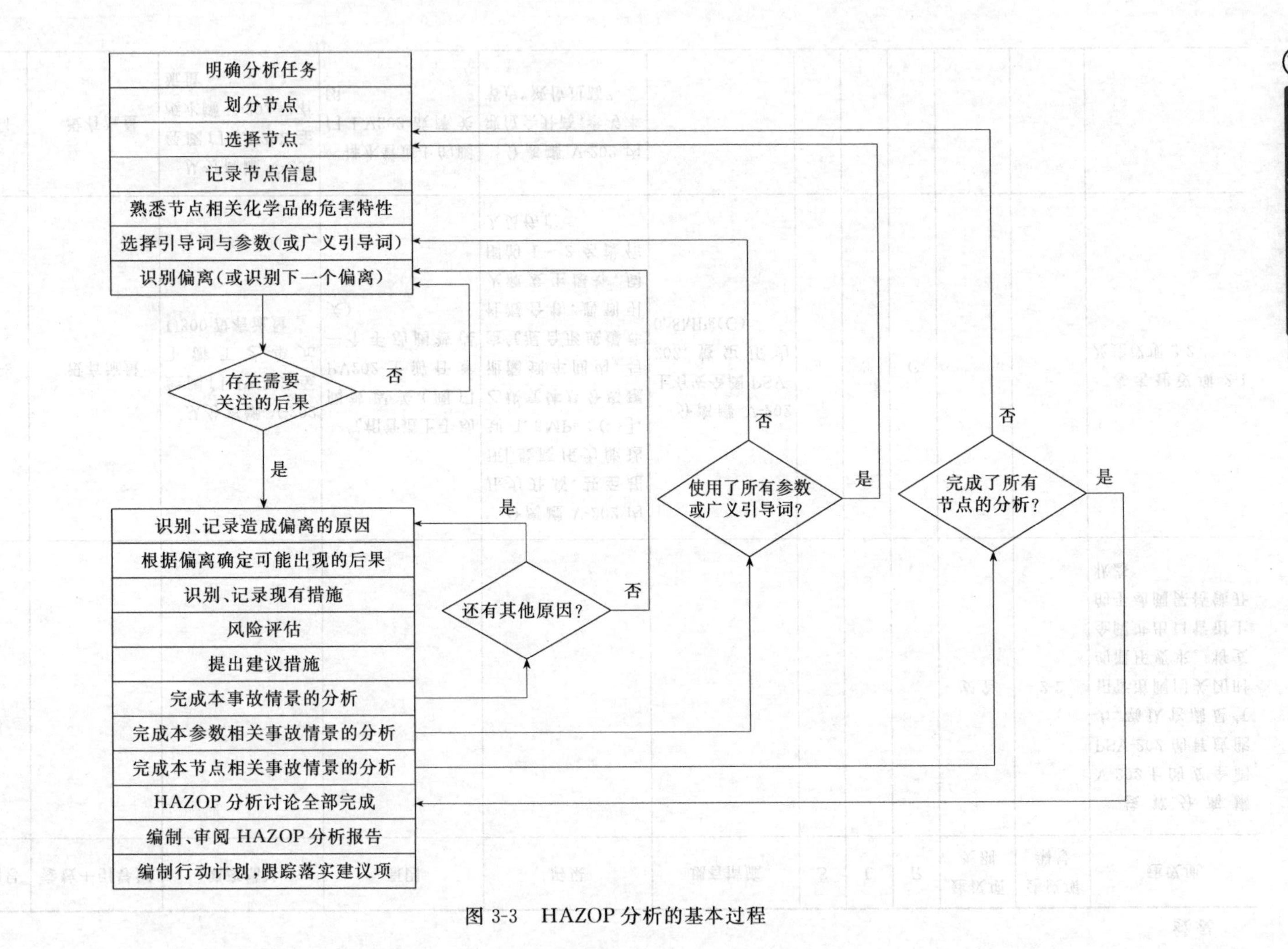

图3-3 HAZOP分析的基本过程

在分析工作开始时，分析小组将工艺系统划分成若干个节点，然后逐个节点做详细的分析。

对每个节点展开分析前，首先应该熟悉本节点的工艺情况：可以请一位熟悉工艺操作的小组成员，向其他成员简单介绍本节点相关工艺系统的基本情况；记录下本节点的设计意图，包括一些关键工艺参数。其次，要根据MSDS等文件，了解本节点所涉及的危险化学品的主要危害，包括燃烧特性、毒性、反应特性和某些特殊危害（如对建造材质的特殊要求）等。

在分析时，先选择一个参数与引导词的搭配（或直接选择一个广义引导词），识别出相关的偏离，详细写出偏离的相关描述。判断一下这一偏离出现时，是否有需要关心的后果：如果没有值得关心的后果，就选择另一个参数与引导词的搭配（或另一个广义引导词），识别新的偏离；如果有值得关心的后果，先找出一种导致该偏离的原因，对此原因引起的事故情景做完整的分析，包括确定事故情景的后果、找出现有措施、开展风险评估以及必要时提出建议项来降低风险。如果导致这一偏离的原因不止一种，就应该对每一种原因所对应的事故情景，都做上述类似的分析。

在每一个节点中，所有参数与引导词的搭配（或广义引导词）都需要使用一遍，这个节点的分析过程才算完成，才进入下一个节点的分析，直到完成全部节点的分析讨论为止。完成所有节点的讨论后，讨论会议才结束。

在讨论会议结束之后，需要编制和审阅HAZOP分析报告，并分发给相关负责人。从狭义上讲，完成分析报告后，HAZOP分析项目就完成了（如果企业委托第三方机构协助开展HAZOP分析，提交分析报告后，第三方机构的项目职责就算完成了）。但从广义上讲，即对企业自身而言，完成了HAZOP分析报告还只是完成了纸面上的工作，更重要的是，企业应该编制切实可行的工作计划，逐条落实HAZOP分析所提出的建议项。合理落实了所有的建议项，HAZOP分析工作才算真正完成了。

第六节　节点划分的实践

开展HAZOP分析时，一般会把工艺系统划分成若干个节点，然后逐个节点开展详细的分析。

划分节点的目的是便于开展HAZOP分析工作。在分析过程中，分析小组逐个节点进行分析，大家围绕一个节点进行讨论，注意力会专注，工作效率更高。此外，划分节点可以使复杂的工艺系统简单化（无论是多么复杂的工艺系统，都可以分解成管道、阀门和仪表等基本单元），从而使HAZOP分析方法可以应用于不同规模、繁简各异的工艺系统。

对于同一套工艺系统，不同的分析小组在划分节点时，划分的方案可能会有所不同。例如，在本节举例中，可以将分离罐 V-202 和污水罐 V-203 都划在节点-2 中，也可以将分离罐 V-202 作为一个节点，而将污水罐 V-203 作为另一个节点。两种划分的方案都是可以接受的。

节点的划分无所谓对与错。开展 HAZOP 分析的根本目的是识别工艺系统中存在的主要危害，并采取必要的措施来降低风险，划分节点只是为了便于开展分析工作。无论采用何种划分节点的方案，只要把值得关心的主要危害都识别出来，完成合理的风险评估，就算达到了 HAZOP 分析的目的。

在 HAZOP 分析方法发明之初，它是一种“线逐线”的分析过程，对于一个工艺系统，选择一台设备，逐个使用设备相关的引导词完成该设备的分析，再选择另一台设备，开展类似的分析；类似地，选择一条管线，逐个使用管道相关的引导词完成该管线的分析，再选择另一条管线开展类似分析；直到完成所有的设备和管线的分析为止。换言之，在 HAZOP 分析方法的原型中，并没有划分节点之说，目前仍有少数企业采用“线逐线”的分析方法。

随着工艺系统变得越来越复杂，为了在分析过程中统筹考虑工艺系统不同组成部分之间的相互关联性（避免分析过程碎片化），引入了节点的概念。

对于同一套工艺装置，采用不同的方式划分节点，分析工作的效率会有些差异，分析报告的内容形式会有所不同，偶尔也会影响分析工作的质量。合理划分节点可以提高 HAZOP 分析工作的效率。通常可以参考以下原则来划分节点：

（1）依照工艺流程的自然顺序来划分节点。例如，从原料进入工艺装置处开始划分节点，然后是中间过程，最后是产品的储存。也有人喜欢把复杂的反应过程作为第一个节点，在 HAZOP 分析的初期，分析小组的精力充沛，优先分析危害较大的工艺过程，这也是可取的一种方式。

（2）将实现相同工艺功能的部分划在同一个节点内。这种做法可以减少节点与节点之间的交接面，节点划分更加直观且便于分析，可以提高分析工作的效率。例如，将反应器划分为一个节点，因为它完成了反应这一项工艺功能。又如，将精馏塔划分成一个节点，它完成精馏这一工艺功能。通常不会把精馏段和提馏段分开，分别置于不同的节点内。

（3）充分考虑 HAZOP 分析小组成员的经验。如果小组成员的经验较少，应该把节点划分得小一点（同一套工艺装置的节点数量多一点），这样，分析起来比较得心应手。对于经验丰富的分析小组，节点可以稍大一些，以提高工作效率。

在划分节点时，两个节点之间一般在法兰或阀门处分界。在同一张 P&ID 图上，可以有几个节点；一个节点内的设备和管道也可以分布在几张 P&ID 图上。例如，一条物料管道流经分布在多张 P&ID 图上的数台设备，通常会将这条管道划在一个节点内，该节点会跨越若干张 P&ID 图纸。

每个节点都应该有一个编号，可以用自然数为所有节点编号，如 1、2、3 等，也可以在节点的编号中加入工艺区域的编号，例如工艺区域分成 100 区、200 区、600 区等，对于 100 区内的节点，可以编成 100-1、100-2，对于 600 区内的节点，可以编成 600-1、600-2，依此类推。

不同节点之间往往有较多相连的管道，为了清晰表达出各个节点所包含的设备、管道和仪表，可以用不同色彩的荧光笔在 P&ID 图上将各个节点标出来。

第七节　参数与引导词详解

参数与引导词是 HAZOP 分析方法里很重要的概念。参数与引导词搭配能得出各种异常的情形，例如引导词“没有”与参数“流量”搭配得到“没有流量”。没有流量是一种异常的情形。

工艺系统按照设计意图正常运行时，通常不会发生事故（机械完整性失效的情形除外），因此 HAZOP 分析不关心正常运行的状态，而是重点关注可能出现的异常情形（包括操作中的异常工况）。如果能把工艺装置中可能出现的异常情形都找出来、理清造成异常情形的原因、评估其后果与风险，并提出必要的措施降低风险，工艺装置的安全性就自然能有保障。分析过程的核心是挖掘出工艺系统中所有值得关心的事故情景，挖掘从各种异常情形（偏离的状态）入手，因此，我们可以把“引导词＋参数”这种笼统的偏离视为广义引导词（表 3-5），直接应用广义引导词开展分析，可以使分析过程更加紧凑。

表 3-5　广义引导词及说明

1. 参数　流量	
参数＋引导词（广义引导词）	说明
没有流量	在管道中或在设备之间，按照设计意图应该有流量，因为某种原因，流量中断了。例如，从原料罐经泵至反应器原本应该有流量，当泵故障停机时，就会出现没有流量的情形。 管道内物料的流动状态没有发生变化，但管道上流量计显示流量为零（流量计故障了），这种情况是否属于“没有流量”呢？在开展过程危害分析时，这不属于没有流量的情形。例如，反应器有三股进料，每股进料的流量都没有发生变化，其中一股进料管道上的流量计出了故障，显示流量为零，这并不影响反应器内的反应过程；反之，如果流量计故障引起管道上阀门关闭，切断了进料，就应该纳入没有流量的情形加以讨论（此处，阀门关闭是导致没有流量的直接原因）。 没有流量的原因很多，例如上游没有物料、管道上的自动阀门故障关闭、管道上的手动阀门没有打开或错误关闭、泵故障停机、风机故障停转等

续表

1. 参数　流量	
参数＋引导词 （广义引导词）	说明
流量过小	是指实际流量小于正常操作所要求的最小流量的情形。只要比正常操作的最小流量小，无论小多少，都属于流量过小的情形。流量过小的极端情况是没有流量。对于间歇操作，加料量少于所要求的数量，也属于流量过小的情形。 造成流量过小的原因有管道局部堵塞、过滤器堵塞、调节阀开度不足或泵的净正吸入压力不足等
流量过大	是指实际流量大于正常操作所要求的最大流量的情形。只要超出正常操作的流量上限，无论超出多少，都属于流量过大的情形。流量的实际大小受泵、风机和上下游压差等因素影响。 对于间歇操作，加料量多于所要求的数量，也属于流量过大的情形。 造成流量过大的原因有调节阀故障全开、手动操作时阀门开度过大、有一股新的物料加入或者泵设计不合理等
错流向	是指意外多出了一股物料流动的路径。例如从一个储罐往两台反应器供料，同一时间段只往一个反应器送料，原本打算从储罐往反应器A进料，不料储罐至反应器B的管道上的阀门意外开启，物料从储罐进入了反应器B，这股进入反应器B的物料是意外多出来的（相对于当前不应该有物料进入反应器B的状态而言，这股物料是额外增加的），是一股错流向的流量。又如，正常情况下，在列管式换热器中，物料分别在管程和壳程内流动来完成换热，当列管穿孔时，物料就会从压力高的一侧流入压力较低的一侧，这股穿过列管壁的流量的出现，也是错流向的情形。 造成错流向的原因有多种，诸如操作人员开错阀门、阀门没有关闭、阀门故障开启、阀门内漏、管道穿孔、设备腐蚀内漏，还有操作人员使用临时管道等。 发生错流向的地方（即产生新流量的沿途）原本不应该有物料流经，这是错流向与逆流最主要的差别。 错流向是HAZOP分析过程中需要特别重视的情形，错流向情形出现时，容易酿成事故，造成不良后果
逆流	逆流很容易理解，原来有一股流量，现在流动的方向发生了反转，流动方向与原来的流向正好相反 下游的背压高于上游压力是产生逆流的常见原因，虹吸现象也容易导致逆流。 止回阀故障是否是导致逆流的原因呢？让我们试想，有一台泵在运转，将物料送到高处的储罐，在泵的出口管道上没有止回阀。由于突然停电，泵停止运转，液体从泵至储罐的管道流回到泵的出口，即发生了逆流。此时根本就没有止回阀！可见止回阀故障不是导致逆流的原因。在这个例子中，真正的原因是泵停止运行后，出口管道内存在静压头，是它促成了逆流。假如在泵出口管道上安装了止回阀，当逆流发生时，止回阀试图阻止物料形成逆流，当它起作用时，没有物料逆流进入泵的出口端；当它失效时，逆流的物料不能被及时阻止，会发生逆流。可见，止回阀是防止逆流的一种安全措施（但不是一种可靠的措施），不是造成逆流的原因

续表

2. 参数　温度	
参数+引导词（广义引导词）	说明
温度过低	是指实际温度低于正常操作时所要求的温度参数的下限。 温度过低主要会对生产操作和产品质量产生影响，多数情况下不会带来安全问题。但在有些情况下，温度过低也会带来严重的安全后果，例如，对于需要在反应初期引发反应的工艺系统，初期温度过低，未及时引发反应，因此导致反应物在反应器内累积，累积的反应物被引发后发生剧烈反应，短时间内大量放热或产生大量的气体，会导致严重的安全后果。过低的温度还会导致水蒸气冷凝、化学品蒸气冷凝、水结冰和某些化学品凝固，甚至因此诱发安全后果
温度过高	是指实际温度高于正常操作时所允许的温度参数的上限。 温度过高容易造成不良的安全后果。 造成温度过高的原因非常多，主要分成两类，一类是系统内部产热导致温度过高，另一类是从外部吸热导致温度上升。常见的内部放热情形有反应本身大量放热、放出的热没有被及时移走（冷凝系统故障或能力不足）等。从外部吸热的情形很多，例如，加热时，温度控制回路故障导致过度加热、高温介质进入低温区域、阳光直接照射和外部火灾等
深冷	深冷是较少用到的一个广义引导词。 通常在有液氮、液氧或其他存在深冷物料的工艺系统中，才需要考虑深冷的问题。重点是要考虑在深冷温度下，设备和管道的材质是否会遭受冷脆损坏，对于碳钢材质的设备和管道，尤其需要留意此危害

3. 参数　压力	
参数+引导词（广义引导词）	说明
真空	是指工艺系统中本不该存在真空，因为某种原因形成了一定的真空度。如果工艺系统正常操作时就需要保持一定的真空度，实际运行时，真空度更低，也应该按照出现异常“真空”的情形来分析。 设备和储罐内形成真空时，可能遭受损坏；还可能从其他设备吸入物料，或者从大气中吸入空气（存在易燃液体或可燃粉尘的系统，吸入空气后可能在系统内形成爆炸性混合物，甚至发生内部爆炸）。 将工艺设备错误连接至真空系统、蒸气（或蒸汽）冷凝、虹吸等，都会导致工艺系统内形成真空
压力过低	是指实际压力低于正常操作时所要求的压力参数的下限，极端的情形是出现真空。 压力过低的原因非常多，失去压力来源或系统内部工况改变（如温度降低、产生气体的反应终止等等）都会导致工艺系统内压力过低
压力过高	是指实际压力高于正常操作时所允许的压力参数的上限。 压力过高可能导致管道或设备物理性损坏，引发工艺物料或能量泄漏，导致严重的安全后果。 导致压力过高的原因很多：一类是系统内部原因导致压力升高，例如密闭容器内的物料温度升高后，蒸气压随之升高；反应产生的气体未及时排出；封闭的液体（特别是深冷的液体）受热发生膨胀；液体在封闭体系内迅速闪蒸等。另一类是从外部引入了压力源，例如进料管道上的压力调节回路故障，导致压力高的物料大量进入下游系统；出口端被封闭（如出口阀门故障关闭）而上游压力高的物料持续进入系统；阀门故障或误开导致其他带压物料意外进入系统等。

续表

3. 参数　压力	
参数＋引导词（广义引导词）	说明
压力过高	解决压力过高的问题有两种思路，首先找出超压的原因，尽量避免出现超压，其次是要根据需要设置必要的泄压装置（如放空管、安全阀、呼吸阀、爆破片和泄爆板等）
4. 参数　液位	
参数＋引导词（广义引导词）	说明
没有液位	设备或容器内原本应该维持一定的液位，没有液位是指容器内液体消失了，出现了空设备或空罐的情形。 这种情形出现时，不能给下游设备继续提供物料。如果原本是气液两相，没有液相后，气体会进入接受液体的设备，例如本章的HAZOP分析举例中，当气液分离罐内没有液位时，乙炔气体会从废水排放管进入废水罐，导致废水罐超压。 液位控制回路失效、上游阀门关闭中断进料、或者没有及时向系统内补充液体等原因，都可能导致没有液位的情形。 对于处理粉料的系统，也存在类似的情形，字面上应该改成"没有料位"
液位过低	是指设备或容器内的液位低于正常操作时所要求的液位的下限。有时也指管道内的液位状态，例如，在某些情况下，需要监测泵的入口管道内的液位，防止液位过低损坏泵。液位过低的极端情形是没有液位。 造成液位过低的原因与没有液位的原因类似
液位过高	是指设备或容器内的液位超出了正常操作时所要求的液位的上限。 当设备或容器内的液位持续升高时，可能导致溢流，当液体充满设备或容器时，还可能出现超压。 导致液位过高的原因很多，例如液位控制回路失效、上游阀门误开、出口阀门误关、其他物料意外进入等。 对于粉料系统，应该表述为"料位过高"
5. 参数　组分	
参数＋引导词（广义引导词）	说明
浓度过低	是指设备或容器内某种组分的实际浓度低于正常操作时所要求的浓度下限。 进料比例控制失效、加料计量不准确、加料操作错误等都可能导致浓度过低。浓度过低通常对质量的影响比较明显，但有时也会带来不良的安全后果
浓度过高	是指设备或容器内的某种组分的实际浓度超出了正常操作时所要求的浓度上限。 进料比例控制失效、加料计量不准确、加料操作错误、系统内有此前操作时残留的物料等，都可能导致浓度过高。 某种组分的浓度过高可能改变系统的特性（如黏度变化），影响操作和质量，有时也会带来安全危害。例如，在反应系统中，某种组分浓度过高，导致短时间内剧烈反应甚至反应失控
污染物	是指正常工艺物料之外的其他物质进入了工艺系统，它的数量通常较少。 污染物进入系统主要会影响产品质量，偶尔也会导致安全问题。例如，铁锈进入双氧水系统可能引发异常反应，甚至发生爆炸。 HAZOP分析时，通常不太关心质量方面的影响，主要关心污染物的引入是否会带来安全相关的不良后果

续表

5. 参数 组分	
参数+引导词 （广义引导词）	说明
错误物料	是指向工艺系统进料时，其他种类的物料被意外加入工艺系统。例如，从槽车向储罐卸料时，槽车内装的物料不是所要的那种物质。又如，要求将固体物料A加入反应系统，操作人员却误加了物料B。 错误物料进入系统，可能导致意外反应。这类事故案例很多，例如，在美国的一起事故中，一名槽车司机卸料到错误储罐内，在卸料期间发生反应，产生了硫化氢气体，司机本人中毒身亡

6. 参数 相	
参数+引导词 （广义引导词）	说明
没有混合	是指工艺系统要求有充分的混合，实际上却没有按要求进行混合的情形。例如，搅拌器没有启动、搅拌器意外故障停转、搅拌器的搅拌锚脱落等原因，都会导致没有混合的情形。 没有混合发生后，后续突然恢复混合容易造成严重的安全后果。例如，反应物持续进入反应器，操作人员在反应的起始阶段忘记开启搅拌器，进料一段时间后才将它启动，此时反应器内已经累积了较多反应物，在短时间内迅速混合并反应，可能会导致反应失控
多余相	是指出现了新的相。 例如，蒸气在管道内发生了冷凝，原本是气相，现在成了气液两相，其中的液相就是多余的相
相缺失	是指某种相态消失了。 例如，正常操作时，在容器内存在气液固三相，意外原因导致固体物料完全溶解了，成了气液两相。这里缺失的是其中的固相
异常相变	是指物质的相态发生了转变。 例如，少量水意外进入高温导热油罐内，这些水迅速闪蒸汽化，这种情况属于意外相变，通常危害较大

7. 参数 反应	
参数+引导词 （广义引导词）	说明
反应没有发生	是指反应过程没有正常进行。例如，有些反应有一个前期引发的阶段，引发失败就属于“反应没有发生”的情形。 这种情形的危害是会累积反应物，如果后续突然引发反应，容易导致反应失控
反应过慢	是指反应的进程慢于预期，单位时间内的反应物转化数量不足。 它的主要危害是反应物累积
反应过快	是指反应进程快于预期。 HAZOP分析主要关心过快反应是否会产生大量的热，或产生大量的气体，或在短时间内生产出某种危害较大的物质，并形成过高的浓度。 进料过快、温度过高和反应物累积等都是反应过快的常见原因
副反应	主要关心主反应伴随的副反应可能带来的影响。 例如，副反应是否会放热、是否会产生气体或生成毒性大的物质等
逆反应	是指出现了与设计意图相反的反应过程。通常在可逆反应系统中，需要考虑这种情形

续表

7. 参数　反应	
参数+引导词 (广义引导词)	说明
意外反应	是指出现了设计意图之外的其他反应。 例如,在某些废液蒸馏浓缩过程中,温度过高时,浓缩的残留物发生分解就属于意外反应。 HAZOP分析时,做好这类事故情景分析的前提,是对反应过程的机理有充分的认识(在开展HAZOP之前,最好开展过必要的实验测试和测试结果分析,对反应机理有充分的理解)
8. 参数　爆炸危害	
参数+引导词 (广义引导词)	说明
与空气混合	是指空气与易燃物或可燃物相互接触、混合的情形。处理易燃物或可燃物的工艺系统与大气相通,空气进入系统内与工艺物料混合,可能形成爆炸性的混合物。例如,操作人员打开人孔向反应器内投料,空气从开启的人孔进入反应器,与反应器内的易燃溶剂蒸气混合,能形成爆炸性混合物。 除了环氧乙烷等特殊物质外,对于大多数易燃物和可燃物而言,与空气(其中的氧气)混合是形成爆炸性混合物的必要条件,而且氧气在混合物中要达到足够浓度比例。易燃和可燃物都有发生燃烧的最低需氧浓度,通常在9%~12%,特殊物质(如氢气)的最低需氧浓度约5%。 产生"与空气混合"情形的原因较多。例如:可燃物进入系统前,系统内事先已经有空气存在;工艺系统与大气相通,因而空气得以进入;空气或氧气作为工艺介质参与工艺过程,如作为反应物参与工艺反应;反应过程中产生氧气(如双氧水分解)等。 如果工艺系统涉及易燃液体、可燃液体、可燃气体或可燃粉尘,应该充分重视"与空气混合"的异常情形
引火源	工艺生产区域存在各种引火源。此处主要关心工艺系统自身产生的引火源,例如静电累积释放形成的引火源、设备和管道的高温表面、附近的高温炉和锅炉、电气火花等。 动火作业过程产生的引火源通常不在此处讨论,因为企业会有专门的动火作业许可证制度来管控它们
9. 参数　机械完整性	
参数+引导词 (广义引导词)	说明
不能维修	主要识别不能以安全的方式完成维修任务的情形。 例如,在拆除设备或阀门时,事先不能执行有效的隔离、放净或置换。 有时也需要对工艺系统中某些设备的特殊维修要求做分析讨论
缺失维护	是指日常的维护活动中,没有按要求或行业良好的实践经验落实维护工作。 例如,化学品储罐的呼吸阀没有定期检查和维护,就属于"缺失维护"的情形
安全释放	工艺系统如果存在超压的可能性,则需要设置必要的安全释放装置(如安全阀、爆破片、泄爆板等),并确保它们处于良好的可用状态。 主要是对安全释放系统的设计或现状进行确认与分析,确认其是否满足基本的工程要求,分析小组可以要求对安全释放装置进行释放量的核算或对其进行改造
异常振动	主要识别工艺系统存在的异常振动及其影响。 例如,安装有膨胀节的地方是否有明显的振动,振动是否会造成其损坏和机械完整性失效

续表

9. 参数　机械完整性	
参数＋引导词 （广义引导词）	说明
腐蚀或磨损	主要识别工艺系统中明显存在的腐蚀或磨损情形。如果工艺系统中存在腐蚀性强、易燃、毒性大或高度敏感的物质，需要充分考虑腐蚀和磨损带来的危害
泄漏	泄漏是过程安全事故的重要特征之一。 这里所谓的泄漏主要是指物料从管道和设备泄漏进入大气环境的情形。例如物料从设备或管道的法兰、软管、膨胀节等薄弱处泄漏至大气中。 设备（包括换热器）和阀门的内漏通常归入“错流向”的情形，不在此处讨论。 机械设备完整性失效是造成泄漏的主要原因，如垫片损坏、软管破裂等
关键仪表	在所分析的节点内，有时会有一些重要的仪表或控制回路，如液位控制回路、压力控制回路、氧含量监测仪等。在HAZOP分析时，需要对这些主要仪表的故障情形加以讨论，根据需要，可以建议提高重要仪表的维护要求和落实初次使用时的一些重要措施，例如，在温度计初次使用前，确认在温度计的套管内添加了导热油。 此外，还需要对自动调节阀和自动开关阀的故障模式进行分析，如果当前设计方案中的“故障开”或“故障关”不恰当，可以建议修改成适当的故障模式。可以在HAZOP分析工作表以外增加自动阀门的故障模式记录表，在其中列出所有重要自动阀的故障模式（包括当前的故障模式和所建议的故障模式），附录5是一张自动阀门故障模式记录表的例子
10. 参数　公用工程	
参数＋引导词 （广义引导词）	说明
失去公用工程	是指当前节点中相关公用工程供应中断的情形。 例如，冷却水或冷冻盐水供应中断；失去工艺水、仪表空气、氮气、加热介质等；局部停电和全厂停电
公用工程被污染	是指公用工程遭受了污染，但仍然被使用的情形。 例如，工艺空气遭受污染；仪表空气不合格；用于置换的氮气遭受氧气或空气污染，反之，用于置换设备的空气受氮气污染；工艺水遭受了污染等
11. 参数　特殊操作	
参数＋引导词 （广义引导词）	说明
步骤遗漏	这是针对间歇流程的引导词。对于间歇流程的各个操作步骤，需要问一个问题：“如果这一步骤被遗漏，会怎么样？”需要考虑遗漏某个步骤对当下操作的影响，以及对后续操作步骤的影响
执行太晚	这是针对间歇流程的引导词。对于间歇流程的各个操作步骤，需要提问：“如果这一步的执行晚于排在其后面的其他步骤，会怎么样？” 通常，分别设想在晚于自己的各个步骤后面执行这个步骤的情形，评估在不同的较晚时间点执行此步骤带来的即时影响和对其他操作步骤的影响
执行太早	这是针对间歇流程的引导词。对于间歇流程的各个操作步骤，需要问一个问题：“如果这一步的执行早于排在其前面的其他步骤，会怎么样？” 通常，分别设想在早于自己的各个步骤前面执行这个步骤的情形，评估在不同的较早时间点执行此步骤带来的即时影响和对其他操作步骤的影响
开停车	开车或停车期间，工艺系统的状态发生明显的转变。在HAZOP分析时，需要讨论开车和停车期间可能出现的一些异常工况，可以结合开、停车的操作程序来讨论

续表

11. 参数　特殊操作	
参数+引导词 (广义引导词)	说明
首次投产	对首次投产中的一些特殊操作进行讨论与分析。 例如,燃烧炉的首次点火、深冷系统的首次投用等,还包括那些工艺装置终生仅使用一次的工艺设备的投产操作
维修作业	讨论分析在维修作业过程中,作业人员可能遭受的主要过程危害,以及因为维修活动而引入的过程危害。 例如,在维修期间,作业人员可能接触到某些有毒物质;执行维修任务期间,发生串料的危害
取样	是指工艺取样操作过程中存在的人员暴露和化学品泄漏危害,以及取样点设置不当所带来的影响
12. 参数　人为因素	
参数+引导词 (广义引导词)	说明
人为因素	是指当前的设计或安装需要充分考虑人员操作的因素。 例如,设计或布置是否足够简化以帮助操作人员避免错误操作;液位计等仪表的安装是否便于观察;控制系统的报警是否过多(关键报警是否凸显和容易识别);应急按钮的位置是否恰当等。 人为因素可以作为一个参数在HAZOP分析中加以讨论,较常见的做法是单独开展人为因素的专项讨论,将结论记录在人为因素分析的表格,请参考本书第九章的内容
13. 参数　设施布置	
参数+引导词 (广义引导词)	说明
设施布置	对主要建筑物、设备和设施的布置进行讨论与分析,重点关心事故情形对有较多人员驻留的场所(高占用率建筑物)的影响。 例如,有较多人长期驻留在控制室,罐区爆炸形成的冲击波对控制室造成影响的情形(如果控制室处于被严重摧毁的范围内,则需要对控制室的位置做出调整,或者增加抗爆设计)。 设施布置可以作为一个参数在HAZOP分析中加以讨论,分析讨论时,需要参考企业的总平面布置图。较常见的是开展专项的设施布置分析。请参考本书第九章
14. 参数　人员安全	
参数+引导词 (广义引导词)	说明
操作人员安全	HAZOP分析关注的是过程危害,不要把注意力分散在人员作业安全方面。坠落、触电和遭受外力打击等作业安全危害不必在HAZOP分析中讨论。这些作业安全相关的伤害预防也很重要,它们是为了保护操作人员免遭伤亡。在HAZOP分析中忽略这些危害,主要有两方面的原因,一是企业有职业安全管理体系来管控作业危害;二是HAZOP分析期间应该把精力专注于过程危害的识别、评估、消除和控制等方面。 这里的"操作人员安全",是指操作人员在执行特定工艺操作时暴露于过程危害的情形。例如,操作人员打开人孔往反应器投料时,有毒蒸气从人孔进入作业区域,操作人员暴露于有毒蒸气的情形(备注:从安全、健康和环境的角度出发,应当尽可能

续表

14. 参数　人员安全	
参数＋引导词 （广义引导词）	说明
操作人员安全	避免采用敞口方式往工艺系统中投料。在敞口投料期间，空气会进入工艺系统，与易燃物料混合形成爆炸性混合物；有害物质从敞口处进入大气，操作人员会遭受暴露伤害；有害蒸气或腐蚀性气体进入大气，会损害周围环境，甚至形成腐蚀性的大环境）

15. 参数　外部影响	
参数＋引导词 （广义引导词）	说明
外部影响	指工艺系统之外可能导致事故的因素。 例如，运输车辆或叉车撞击工艺设备或管道导致泄漏的情形，在行业中发生过叉车撞坏放净阀，导致易燃物大量泄漏引起火灾的事故。 又如，在工艺设备或容器（包括槽车）外部发生火灾的情形。外部火灾可能导致沸腾液体膨胀蒸气爆炸（BLEVE，Boiled Liquid Expansion Vapor Explosion），BLEVE是外部火灾导致设备或容器内温度过高，内部低沸点物料局部气化，因此影响热量从设备或容器表面向液体传递，设备或容器的表面局部出现高温，随之发生物理性损坏而破裂，内部物料大量泄漏，可燃物泄漏后会形成火球，火球对四周形成热辐射，热辐射的热通量非常大，周围很大范围内的人员都会遭受伤亡（通常，在火球200～400m范围内的室外人员都有发生死亡的风险）。 装有低沸点物质的设备、容器或槽车暴露于外部火灾时，较容易发生BLEVE。防止物料泄漏时形成池火、设置适当的应急冷却装置都是消除BLEVE的工程措施，有效的应急反应也可以帮助操作人员和应急反应人员免遭伤亡
异常气候	是指极端的环境低温和环境高温对工艺系统的影响。 例如，在北方地区，冬季里出现过压力变送器冻坏导致工艺系统爆炸的事故。在夏季阳光直射的情况下，设备、储罐或钢瓶内物料的饱和蒸气压会迅速升高，因此带来超压甚至破裂的风险

16. 参数　装置界面	
参数＋引导词 （广义引导词）	说明
装置界面	工艺系统有向大气排放处理后的废水和从邻近企业接收公用工程或原料的情形（如从邻近的发电厂引进蒸汽等）。 在HAZOP分析时，有必要对这些界面进行检查分析与讨论（此时，将工艺装置视为一个独立的整体）。 讨论时，主要关心外部供应中断和工况异常对本装置的影响，以及本装置异常时对外部的影响

17. 参数　以往事故	
参数＋引导词 （广义引导词）	说明
事故教训	在开展HAZOP分析期间，有必要对类似装置发生过的典型事故进行回顾和梳理，确保当前的工艺系统有适当的措施防止发生类似事故。所回顾的事故，可以是本企业发生过的事故，也可以是行业中类似装置发生过的典型事故。 需要有人提前收集类似装置之前发生过的事故，并适当归纳和归类。可以在每个节点讨论的末尾对所收集的典型事故逐个讨论，先了解导致这些事故的原因，然后

续表

17. 参数　以往事故	
参数+引导词 （广义引导词）	说明
事故教训	查看当前工艺系统是否存在类似的危害；如果有，确认是否有适当的预防或控制措施。也可以在整套工艺装置HAZOP分析的末尾，集中对所有相关的事故做系统的讨论，并记录因此提出的建议项（附录6是一张回顾事故教训的记录表）

根据工艺系统的特点，分析小组还可以采用更多其他参数与引导词的搭配，例如黏度过高、黏度过低、pH值过高、pH值过低、电导率过高、电导率过低等。

本节详细说明参数与引导词相结合（广义引导词）的一些含义及使用方法。本书后续的讨论和分析均直接采用广义引导词。

第八节　偏离描述与原因

一、偏离描述

HAZOP分析的核心任务是挖掘出事故情景，对其进行分析以管控风险。通过参数与引导词搭配，识别异常情形（即偏离设计意图的情形）和由此引起的事故情景是HAZOP分析方法最基本的特征。对偏离做完整的描述有助于整理思路和加深对事故情景的认知。

在采用广义引导词时，偏离描述更像是一种扩写。例如，广义引导词“没有流量”，对应的偏离描述可以是“从压缩单元经阀门XV202至分离罐V-202没有流量”。在描述偏离时，一方面要不惜笔墨把意思表达完整，另一方面，尽可能引用相关设备和阀门的位号，因为位号都是唯一的，可以增加描述的精确性和可读性。

二、原因

HAZOP分析中的原因，是指那些导致偏离的直接原因。

对于一种偏离，造成它的原因可能不止一种。每一种原因对应一种事故情景。在HAZOP分析时，应该对不同原因造成的事故情景分别进行独立分析。

例如，在前面的HAZOP分析举例中，对于“从分离罐V-202经阀门PV202至下游工艺单元U300没有流量”这一偏离情形，造成它的原因有多种，包括“气相管道上手动阀被误关”和“气相管道上的阀门PV202故障关闭”等。这两种原因各自对应不同的事故情景，需要对它们分别单独展开分析。

造成事故的原因可以分成直接原因和根本原因（即事故根源）。直接原因如“阀门故障关闭”“停电”和“操作人员投错物料”等；事故根源如“操作人员缺少某个专项的培训”“工艺系统的变更没有经过危害分析”等。造成事故的根源都是管理上的缺陷。挖掘出事故的根源是一个复杂的过程，如采用故障树分析等方法可以系统地识别出事故的根源，不但需要花费较长的时间开展分析工作，在之前还需要更多的时间收集事故的各种证据（诸如人证、物理证据、位置证据、电子记录证据和书面记录证据等）。HAZOP分析过程中，只关心导致偏离的直接原因，不涉及事故的根源。

通常，造成过程安全事故的直接原因有如下几点。

- 设备或管道机械故障

主要是指设备或管道的机械完整性失效。例如：设备或容器的本体腐蚀穿孔或裂开、换热器列管穿孔、软管破裂、泵故障停机、引风机故障停机、管道或设备上的法兰垫片破损等。

代表性的事故，有1974年6月发生在英国弗利克斯巴诺工厂的化学品泄漏及爆炸事故。该工厂有6台反应器，需要拆除第5台反应器进行维修，维修人员就在第4和第6台反应器之间临时安装了一条直径508mm的管道，在该管道上有膨胀节，但安装不正确。投产一段时间后，膨胀节发生物理性破裂，大量易燃液体泄漏出来并形成蒸气云，它们与空气混合，形成爆炸性混合物，遇到引火源发生爆炸，事故造成28人死亡和重大财产损失。详情请参考附录9。

- 仪表故障

主要是指仪表本身故障，或控制回路的某个环节发生了故障。例如，反应器上的温度控制回路故障（温度变送器故障或关联阀门等组件发生故障）、压力控制回路故障（压力变送器故障或关联阀门等组件发生故障）、液位控制回路故障（液位变送器故障或关联阀门等组件发生故障）、进料调节阀回路故障（如调节阀异常关闭或全开）、还有监测工艺组分的仪表故障等。

代表性的事故，有1990年7月发生在美国德克萨斯州的污水储罐爆炸事故。该污水罐收集来自工厂各个地方的污水，污水中含有少量有机溶剂。这些有机溶剂浮在污水上，在储罐内形成爆炸性混合气体。储罐有氮气惰性化设计，在储罐上安装有氧含量分析仪。事故发生前，操作人员通过该分析仪确认储罐内的氧含量足够低，启动连接储罐的废气压缩机时，发生了爆炸，事故造成了17人死亡。事后调查发现，上述氧含量分析仪当时出了故障，未准确反映储罐内的实际氧含量。详情请参考附录9。

- 操作失误

操作人员的失误，包括执行了错误操作、操作不符合要求或未执行某个操作步骤等，是典型的导致事故的直接原因。例如开错阀门、加错物料、忘记停止加热等。

值得一提的是，操作失误只是事故的直接原因，不是事故的根源。相关的根源可能是操作人员缺乏培训、过于疲劳、交接班沟通不足、操作规程表述不够清晰等。

代表性的事故，有2004年4月发生在美国伊利诺伊州的化学品泄漏及爆炸事故。在该事故中，操作人员误开了反应器的底阀，反应器内高温易燃液体大量泄漏至车间内，在车间内形成了大量蒸气云，它们与空气混合形成爆炸性混合气体，遇到引火源发生爆炸，导致多人死亡。详情请参考附录9。

- 不当的维护维修

在维护维修过程中，也可能导致灾难性的过程安全事故。常见的情形有缺少隔离或隔离不当、作业方法失当、未遵守作业规定等。

代表性的事故，有1984年12月发生在印度博帕尔的甲基异氰酸酯（MIC）泄漏事故。在该事故中，工人在维护MIC进料管道上的一个过滤器时，没有有效隔离管道上的阀门，水通过内漏的阀门进入了MIC储罐，在储罐内，MIC和水发生放热反应，储罐出现超压，导致有毒物质MIC大量泄漏，造成成千上万的人不幸死亡。详情请参考附录9。

- 外部原因

外部原因是指工艺系统及其操作本身以外的原因，例如遭受雷击、被外力撞击导致物料泄漏、极端天气等。

代表性的事故，有2005年10月发生在美国德克萨斯州的化学品泄漏事故，在该事故中，一辆运载气瓶的叉车，在工厂内掉头时，撞坏了工艺管道上的一个放净阀，易燃液体从该放净阀处泄漏至大气，与空气混合形成爆炸性的混合物，发生爆炸，并演变成一场严重的火灾。详情请参考附录9。

第九节　事故情景的后果

安全事故的后果通常有人员伤害（包括健康影响和伤亡）、环境损害、商务损失（直接财产损失、停产损失和事故处理成本等，HAZOP分析中主要是指直接损失）、声誉影响等。

在进行HAZOP分析时，通常关心安全、健康、环境与财产损失相关的后果，有些企业也考虑事故对企业声誉的影响。不少企业在HAZOP分析过程中，只关心安全问题和少数对生产带来特别严重影响的事故情景，这么做的目的是专注于安全问题，并且提高分析工作的效率。

在HAZOP分析的表格中，需要详细记录各种事故情景的后果。这里所指的后果，是设想所有现有安全措施都失效的情况下，可能导致的不良结果或影响。例如，在前文的HAZOP分析举例中，事故情景2-3的后果表述成“分离罐V-202内压力会升高，甚至超压［最高压力能达到1.6MPa(G)］，乙炔气体从分离罐泄漏至车间内，与空气混合形成爆炸性混合物，遇到引火源发生爆炸，造成周围1～2名操作人员伤亡。”在这个例子里，如果写成“分离罐V-202内压力会升高，甚至超压，”就是不恰当的描述，设备短时间超压，压力降低后又恢复到最初的状态，并没有带来什么后果。后果描述时应该更进一步，把对人、对环境和对生产的具体影响表述清楚。

后果描述可以从以下几个方面入手：

（1）从偏离开始，按照事故情景的发展过程和逻辑链条写出事故的后果，其中体现出事故情景不同阶段的状态转变过程。在刚才的例子中，这个过程是“压力升高”“超压”“泄漏”“与空气混合”“遇到引火源”“爆炸”和“人员伤亡”。

（2）描述的后果宜与风险矩阵表中不同后果等级的描述基本保持一致，如前文例子中的“造成周围1～2名操作人员伤亡”，在风险矩阵中衡量后果等级时，也是用人员伤亡的数量来衡量的，这样一来，就很容易从第二章中的风险矩阵表中确定后果的等级是“4”，请参考表2-1与表2-2中的后果描述。

（3）尽量对后果做出具体的描述，例如使用相关设备的位号使描述更具体，并且尽可能列出相关的数值，如前文例子中的“甚至超压［最高能达到1.6MPa（G）］……造成周围1～2名操作人员伤亡”。

有些企业在开展HAZOP分析时，要求把安全、健康、环境和财产损失等后果都列出来，这样做使分析工作的覆盖面更广，缺点是需要花费很多时间。如果要求这么做，可以参考下面的例子来描述事故情景的后果：

“分离罐V-202内压力会升高，甚至超压［最高能达到1.6MPa(G)］，乙炔气体会从分离罐泄漏到车间内，与空气混合形成爆炸性混合物，遇到引火源发生爆炸。

安全健康（4） 造成周围1～2名操作人员伤亡。

环境损害（3） 物料泄漏到厂外，造成对第三方的影响。

商务损失（4） 直接损失超过1000万元，停车超过1个月”。

这种表述方式的特点是把几种类别的后果分开说明，在不同类别的后果说明中，包含的数字是该类后果对应的严重性等级。如安全健康后果描述中的数字“4”，表示事故情景安全健康相关的后果等级是“4”，可从风险矩阵表中查得。

前文的例子中，提到1～2人伤亡，如何确定事故情景中的伤亡人数，是一件比较困难的事情。这里所做出的判断是定性的，与实际的事故情景会存在差异。如果发生事故的地点周围较大范围内平时没有人常驻，通常定性判断为1人伤亡，即途经该地的一名巡检人员可能不幸伤亡。如果有多人总是在附近，则要考虑多人伤亡的后果，例如，在车间里总有多人在值班，车间内发生爆炸时，通常按照多人伤亡来考虑。以上只是基本的原则，毕竟是完全定性的推断，与实际情况会存在某些差异。如果想要比较准确地弄清楚事故情景的后果，可以利用软件对事故情景的后果进行模拟，请详见第四章。

第十节　现有措施及风险评估

一、现有措施

现有措施是指在 HAZOP 分析期间已经具有的措施（主要是指安全措施）。这些措施要么有助于预防事故，要么可以减轻事故的后果。

对于设计阶段的 HAZOP 分析，现有措施是指已经表达在设计图纸和文件里的那些消除、控制危害的措施，它们还是计划中的措施，通常还没有完成物理性的实施。例如已经画在 P&ID 图上的、有计算书的安全阀是一个现有措施，但此时它还没有安装在现场。

对于在役装置的 HAZOP 分析，现有措施是已经落到了实处、可以马上发挥作用的措施。例如，已经正确安装且释放能力足够的安全阀是一个现有安全措施；对特定操作的要求已经写进了操作程序中，并且培训了操作人员，这也是一个现有的安全措施。

正确识别所有的现有措施，才能确保风险评估的准确性。所谓正确识别，包括两重含义，一是要识别所有的现有措施，二是不要被“伪安全措施”所蒙蔽。

在 HAZOP 分析时，要尽可能识别所有的现有措施。试设想，如果客观上已经存在足够的措施，但是我们没有识别出来，衡量风险水平时就会得出风险过高的结论，于是又增加新的措施，这些新增的措施是不必要的，不但会增加额外的投资，而且也会增加日后的维护成本和负担。

事故的发生先是从原因开始，然后出现某种偏离，这种偏离继续发展，最终导致事故的后果。因此，我们可以根据事故的路径特征来找出现有措施。

以下用本章 HAZOP 示例中的事故情景 2-3 为例（参考表 3-4），说明如何找出现有措施。

据图 3-4，要找出现有措施，首先针对事故情景的原因，查看有没有现有措施可以消除事故的原因。在事故情景 2-3 中，造成事故情景的原因是“气相管道上的阀门 PV202 故障关闭”，我们可以看看目前有没有措施能防止该阀门故障关闭，通过查看 P&ID 图纸和讨论，发现没有针对此原因的现有措施。

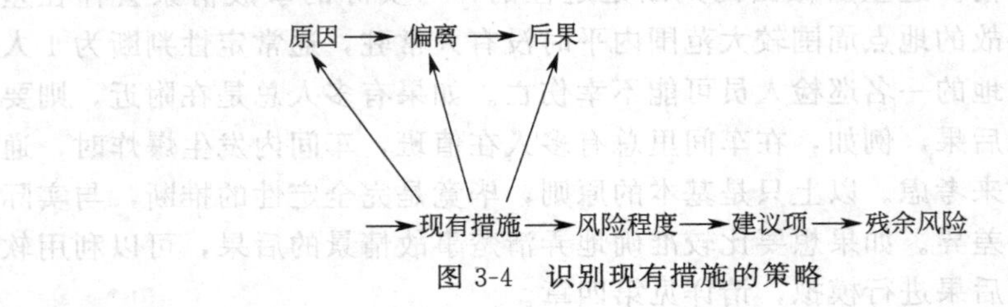

图 3-4　识别现有措施的策略

其次，查看有没有现有措施可以消除偏离。在事故情景2-3中，偏离是“从分离罐V-202经阀门PV202至下游工艺单元U300没有流量”，只要阀门PV202关闭，就会出现此偏离，目前也没有适当的防止出现偏离的措施。

最后，查看有没有现有措施可以减缓事故的后果。在事故情景2-3中，没有流量这一偏离会导致分离罐压力升高和超压，当压力升高到一定压力值时，分离罐的安全阀PSV-202会起跳泄压，如果它的释放能力足够大且释放至安全地点，就是一个现有措施，可以记录在HAZOP分析表格里。如果分离罐破裂，乙炔气体泄漏至车间内，与空气接触形成爆炸性混合气体，车间内存在各种引火源，一旦爆炸性混合气体被引火源引燃，就会导致人员伤亡，没有更多适当的现有措施可以减缓事故情景的后果。因此，针对这起事故情景的后果，安全阀PSV-202是一个现有措施（但需要进一步确认）。

参考图3-4，顺着事故情景的发展路径来识别现有措施，逻辑上比较清晰，而且不容易漏掉现有措施，还可以提高分析工作的效率。

识别现有措施时，值得注意的一点是不能被“伪安全措施”所蒙蔽，在本书第四章中将做详细说明。

现有安全措施应该是已经存在（安装在现场）或已经记录在文件、图纸中的相关措施。仅口头表述，没有书面记录或没有落实的措施，不能作为现有措施。

二、风险评估

风险评估是HAZOP分析非常重要的一个环节。虽然在HAZOP分析工作表中只写下几个简单的字母或数字，但它们对于分析工作的质量影响很大。

如何恰当地评估风险，是HAZOP分析小组面临的一项挑战。开展HAZOP分析时，多数都是采用定性的评估方法，因此完全是依靠分析小组成员的经验来判断事故情景的风险水平，这种判断与实际情况相比较，有时会有明显的差异。

本书第四章介绍的半定量HAZOP分析方法，将保护层概念应用于HAZOP分析中，引入了保护层概念后，风险评估变得更加容易，与定性评估相比较，风险评估结果也更准确。

第十一节 提出建议项

一、提出建议项的策略

HAZOP分析不但要识别出各种事故情景，还要确保在工艺系统运行过程中，这些事故情景的风险处于可接受的水平。在考虑了现有措施后，如果当前风险过高，分析小组应该提出更多措施进一步降低风险，这些提议的措施称为建议项。

在提出建议项时，应该遵循预防为主的方针。事故的发生是从原因开始，然后出现某种偏离，这种偏离继续发展导致事故的后果。根据事故发生的路径，可以采取图 3-5 所示的策略来提出建议项。

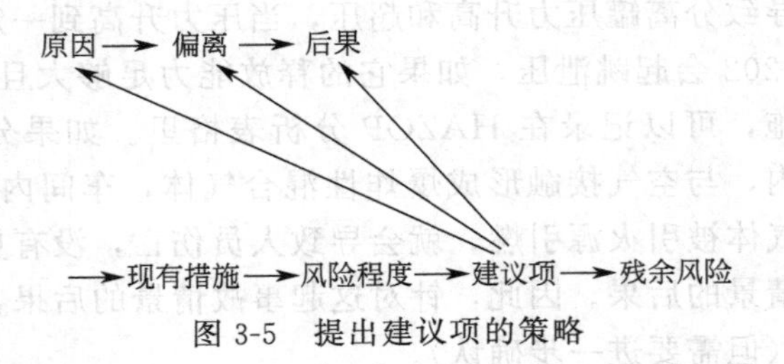

图 3-5 提出建议项的策略

以下用本章 HAZOP 示例中的事故情景 2-3 为例（参考表 3-4），说明如何提出建议项。

首先，考虑能否提出措施消除导致事故情景的原因。在事故情景 2-3 中，造成事故情景的原因是“气相管道上的阀门 PV202 故障关闭”，如果能够防止该阀门出现故障，就能从源头上消除此事故情景。因此，首先讨论一下，看看是否可以采取措施来避免该阀门出现故障。例如，可以将 PV202 所在的控制回路纳入工厂的关键设备清单，定期进行维护，以减少阀门出现故障的频率。

其次，考虑能否采取措施避免出现偏离。在事故情景 2-3 中，偏离是“从分离罐 V-202 经阀门 PV202 至下游工艺单元 U300 没有流量”。可以讨论针对此偏离，能否采取什么措施。在这个实际的例子中，只要阀门 PV202 关闭，就会出现此偏离，较难提出好的措施来避免出现此偏离。

最后，考虑增加措施避免出现事故情景的后果，或者减轻其后果。在事故情景 2-3 中，偏离会造成分离罐内压力升高和超压，甚至导致分离罐超压破裂。因此，提议“在分离罐 V-202 上增加一个压力变送器，当压力达到设定值时［0.75MPa(G)］，自动关闭分离罐入口管道上的阀门 XV202”，此建议项可以避免分离罐内出现超压。同样地，在此事故情景中，建议对现有安全阀的释放能力进行核算，确保它的释放能力足够大，能满足气相管道上阀门关闭时的泄压要求。这也是为了减轻事故情景后果的建议项。

二、消除与控制过程危害的措施

工艺系统之所以会发生事故，是因为其存在某些过程危害。通过 HAZOP 分析识别了这些过程危害后，可以采用各类可行的措施来消除或控制它们。消除或控制过程危害的安全措施通常有本质安全、工程措施、行政管理和个人防护四大类。本质安全策略主要是消除危害；工程措施、行政管理和个人防护主要是控制危害或减轻危害带来的后果（如图 3-6 所示）。

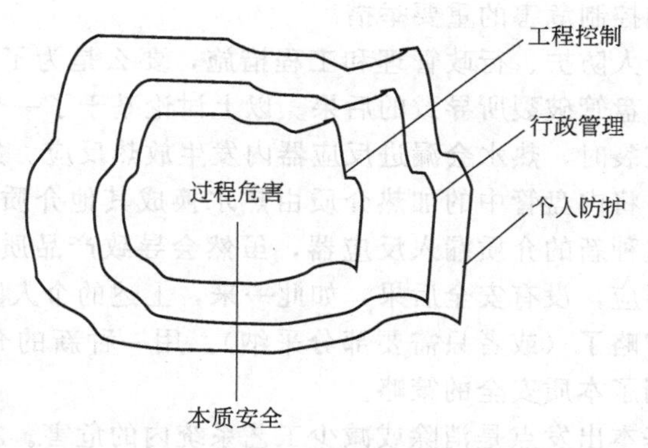

图 3-6 消除与控制过程危害的措施

设想有一个反应器，其中有内盘管。反应物料中存在忌水且有毒的物质（能与水发生剧烈反应且大量放热），但在当前的工艺设计中，需要在内盘管中通热水为工艺物料加热（热水的压力高于工艺侧的压力）。这个系统存在一种事故情景：当内盘管腐蚀穿孔时，热水会进入反应器，与工艺物料发生放热反应，反应器内压力升高甚至超压，有毒物质蒸气会经反应器法兰垫片处泄漏至车间内，现场的操作人员可能中毒甚至伤亡。

为了防止操作人员中毒伤亡，在作业期间，操作人员可以佩戴呼吸器等防护用品，当反应器意外发生泄漏时，可以避免中毒或减轻遭受伤害的程度。这里的呼吸器是个人防护用品中的一种。个人防护是一种控制危害的措施，但它是所有安全措施中的最后一道防线，如果操作人员没有正确佩戴防护用品，就会直接暴露于危险源。操作人员通常使用的安全帽、安全眼镜、呼吸器、防护服、安全鞋，以及应急反应时的各种穿戴器具，都属于此类措施。对于很多事故情景，仅仅靠个人防护是不够的（有毒物大量泄漏时，普通的呼吸器不足以提供所需的防护），而且，佩戴个人防护用品有时会妨碍作业，操作人员会感觉不舒适。个人防护是一种控制危害的措施，是最靠后的选项。

在上述有内盘管的反应器中，为了防止内盘管破裂，可以对内盘管开展预防性维护，定期检查其状态，发现腐蚀或损坏就及时更换。这些要求可以列入维修计划中，以确保及时落实。这么做也是一种安全措施，称为行政管理措施。在企业里，操作程序、维修程序、应急反应程序、培训、报警及操作人员响应等都属于行政管理措施。这类措施容易采纳，但它是否有效（落实到位）取决于很多与人相关的因素，可靠性不高。

在上文的例子中，为了避免操作人员遭受中毒伤害，我们还可以采取一些措施，例如，在设计时为内盘管预留足够的腐蚀裕量；还可以在反应器上安装泄压装置（如爆破片），并释放至安全地点。这些措施称为工程措施。常见的工程措施有自控回路、安全联锁、安全泄压装置、溢流管、围堰等。工程措施的可靠性比较高，是消除和控制危害的重要举措。

上面提到的个人防护、行政管理和工程措施，要么是为了避免内盘管破裂，要么是为了减轻内盘管破裂所导致的后果。以上讨论基于了一个前提，即内盘管内有热水，当它破裂时，热水会漏进反应器内发生放热反应。如果我们可以摒弃这个前提，例如，将内盘管中的加热介质由热水换成其他介质（如导热油），当内盘管破裂时，这种新的介质漏入反应器，虽然会导致产品质量等方面的问题，但不会发生剧烈反应，没有安全后果，如此一来，上述的个人防护、行政管理和工程措施就可以省略了（或者只需要部分采纳）。用一种新的介质代替这个例子中的热水，是运用了本质安全的策略。

本质安全的基本出发点是消除或减少工艺系统内的危害。本质安全并不是指绝对安全，通常是指就某个方面（或某项特定危害）而言，通过采取必要的措施来消除或减少危害，使得工艺系统在这方面从本质上变得更加安全。

不是每种事故情景都可以通过本质安全的策略来消除危害，但是，本质安全是应该优先考虑的策略及选项。如果目标是要将事故情景的风险控制在某一风险水平，先采用本质安全的策略尽量消除危害，就可以减少对其他安全措施（工程措施、行政管理措施或个人防护措施等）的依赖。

以上提到的这四类安全措施，彼此之间并没有矛盾与排斥，对于任何一种事故情景，可以采取上述一种或多种安全措施来消除或控制危害。但是，在这四类安全措施中，不同安全措施的优先等级是不一样的（见图 3-7）。个人防护是最后的选项（优先等级最低）：一方面是因为个人防护用品的正确使用受诸多因素的影响，例如操作人员是否愿意佩戴、佩戴时是否舒适、防护用品本身是否有效等，而且在大多数情况下，佩戴个人防护用品并不是很舒服。另一方面，个人防护用品是保护操作人员的最后一道防线，如果完全依赖个人防护用品来控制风险，当操作人员没有正确佩戴防护用品时，就会立刻直接暴露于危害并造成伤害或中毒。本质安全是最优先的选择项，通过消除危害来控制风险，符合将风险管控关口前移的原则。尽管不是每种事故情景都能通过本质安全的策略将风险降低到可以接受的水平，但我们首先应该努力探索运用本质安全策略来降低风险的机会和途径，这么做不但对实现安全生产有好处，有时也更加经济，而且可以减轻企业的运营管理压力。

常见的实现本质安全的策略有减少（最小化）、替代、缓和与简化。

（1）减少（Minimize）　这种策略也称为最小化，它的要点是减少工艺过程中（反应器、精馏塔、储罐和输送管道等）危险物料的滞留量，或减少工厂内危险物料的储存量，以降低工艺系统的风险。例如，减少和控制车间内化学品的存放量，可以减轻意外发生时的事故后果。又如，在用到光气的工厂，鉴于光气的特殊危害，实行就地制备就地消耗的原则，不储存和长距离输送光气，也是通过尽量减少光气的存量来部分消除其危害。

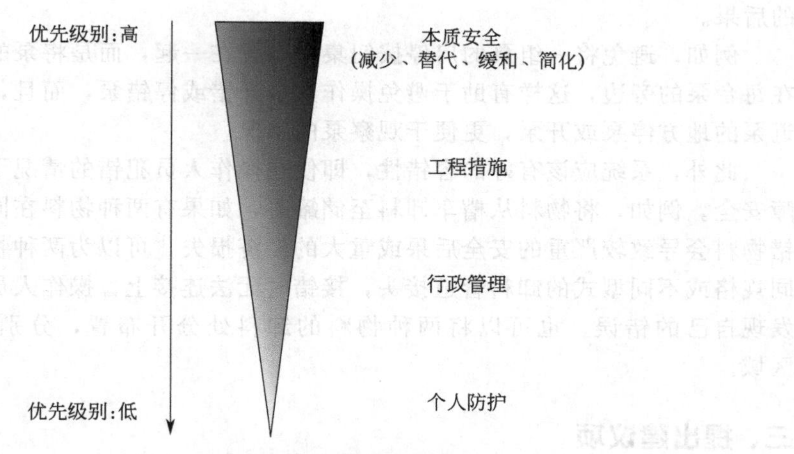

图 3-7 选择安全措施的优先次序

(2) 替代 (Substitute) 这种策略的要点是用危害小的物质替代危害较大的物质，或者用危害小的工艺替代危害较大的工艺。例如，含溶剂油漆改成水溶性的油漆，就是用水替代溶剂来消除溶剂所具有的危害；又如，对于忌水反应器，采用导热油加热替代热水加热，可以避免热水意外进入反应器内与工艺物料发生异常反应。

在工艺开发阶段，就可以充分运用“替代”的策略来消除或减少工艺过程中的危害。例如，如果工艺过程中存在某种危害极大的原料或中间产品，可以通过调整工艺路线，利用其他危害较小的物料来代替当前危害较大的原料，或避免产生危害较大的中间产品。

(3) 缓和 (Moderate) 这种策略的要点是通过改善物理条件（如操作温度、操作压力和物料储存条件等），或改变化学条件（如化学反应条件、化学品的浓度等），使工艺操作条件变得更加温和，当危险物料或能量发生意外泄漏时，事故的后果会相对较轻。例如，在离心分离时，如果工艺允许，降低进入离心机的物料温度，使之低于溶剂的闪点（通常需要比 MSDS 等文献中的闭杯闪点更低一些），这样在离心分离过程中，就可以避免溶剂与空气混合形成爆炸性的混合物。又如，在较低温度下储存化学品会更安全，这也是应用了缓和的策略：在较低的温度下储存化学品，化学品的蒸气压更低，储存系统不容易出现超压。而且储存系统与外部大气环境之间的压差小，即使容器出现破口或裂缝，泄漏速率也会明显减小。温度较低的化学品发生泄漏时，挥发速度更慢，单位时间内产生的蒸气量更少，更容易控制和减轻事故的后果。

(4) 简化 (Simplify) 这种策略的要点是在设计中充分考虑人的因素，尽量剔除工艺系统中烦琐的、不必要的组成部分，使操作更简便，让操作人员更不容易犯错误。此外，有更好的容错性，即使操作人员出错，也不会马上导致严重的后果。

例如，避免将一组泵的启停按钮集中布置在一起，而是将泵的启停按钮安装在每台泵的旁边，这样有助于避免操作人员开错或停错泵，而且，操作人员在靠近泵的地方停泵或开泵，更便于观察泵的状况。

此外，系统应该有好的容错性，即使在操作人员犯错的情况下，系统也能保障安全。例如，将物料从槽车卸料至储罐时，如果有两种物料在同一处卸料，卸错物料会导致较严重的安全后果或重大的经济损失，可以为两种物料分别采用不同规格或不同型式的卸料管道接头，接错时无法连接上，操作人员就有机会及时发现自己的错误。也可以将两种物料的卸料处分开布置，分别设置在不同的区域。

三、提出建议项

在HAZOP分析时，应根据降低风险的要求提出适当的建议项。

可以要求对当前的设计进行更改，增加或去掉控制回路、阀门、管道或设备。例如，可以增加仪表、报警或联锁，也可以增加阀门、泄压装置或隔离装置。可以去掉一些影响安全的硬件，例如，可以建议取消放空管上的手动阀、取消安全阀入口的手动阀门、拆除旁路（或应有盲板隔离）或拆除保温层等。

在分析时，如果缺少相关资料或不能马上得出结论，可以要求在分析工作之外对设计做进一步的确认。例如，分析小组可以要求对储罐的溢流管尺寸进行核算，确认其满足溢流的要求；要求对安全阀的释放能力进行核实，或对管道内的流速进行核算，诸如此类。

除了硬件方面的建议项，分析小组还可以提出行政管理措施。例如，要求使用检查表样式的操作程序、要求对关键的操作步骤执行双人复核（其中一方最好是班长或管理人员）、要求修订现有操作程序（增补特定的、具体的安全要求）、增加特定的培训要求等。

在有些情况下，分析小组还可以建议对风险高、后果极严重的事故情景进一步开展定量风险评估（即QRA）。

在HAZOP分析过程中，提出建议项时需要考虑以下几点：

（1）根据风险评估的结论，决定是否增加新的建议项。如果事故情景的当前风险处于不可接受的风险水平，则必须增加新的建议项将风险降到可以接受的水平。反之，如果当前风险已经很低，就不必再增加新的措施。总之，应该以风险评估的结论作为新增建议项的依据。

（2）不要提那些不打算去执行的建议项。如果分析小组成员对所提出的建议项有异议，应该继续讨论，完善建议项或找到替代的建议项，直到分析小组成员对所提出的建议项达成共识。提出的建议项要尽可能贴近企业的生产实际。分析小组成员如果对建议项有异议，应该在讨论中坦率提出来，避免出现讨论会上说一套，今后落实时做另一套的尴尬局面（建议项一旦写进分析报告，除非今后重新审查并书面批准，否则在落实时不允许另做一套）。

（3）建议项应该是可以执行的。不应该在分析报告中出现“提高员工安全意识”“加强安全管理”“加强员工培训”“增强安全责任心”这一类笼统而抽象的建议项。所有的建议项都应该是可以执行的，换言之，可以衡量其执行的效果并确认它们已经按照要求完成了。例如，“在储罐V-100上增加一个安全阀，并释放至安全地点；并编制此安全阀的计算书。”又如，“修订操作程序，要求操作人员在往反应器R-101进甲苯之前，先对反应器进行氮气置换，置换后反应器内的残留氧含量不超过5%。”这些建议项是可以执行的，也是可以度量的。

（4）建议项的描述应该尽可能详细。把建议项描述得足够详细，有助于交流与落实这些建议项。在描述建议项时，尽量使用设备和仪表的位号。如果把一条建议项单独列出来（与事故情景的原因、偏离描述和后果等分开），也不影响对它的理解，说明它已经足够详细了。表3-6中列出了一些建议项，其中左列中的建议项都太笼统，应该如右列中的建议项那样，有足够详细的描述。

表3-6　建议项的描述对比

太笼统的描述(不好)	较好的描述
增加压力表	在储罐V-101出口管道上增加一个就地压力表,供现场操作人员读取储罐内的压力
核算安全阀的释放能力	核算储罐V-102上安全阀PSV-106的释放能力,编制计算书;应考虑外部火灾的泄压要求
检查确认罐的液位	修改操作程序X-123,要求每个班组都确认一次:确认罐TK-108的液位不超过40%

第十二节　本章小结

HAZOP分析方法是众多过程危害分析方法之一，在流程工业企业中获得了广泛的应用。

HAZOP分析的核心是过程危害的识别、消除和控制。分析小组借助参数与引导词的搭配（广义引导词），系统地识别出工艺系统中存在的各种危害，充分理解这些危害可能引起的事故情景，对它的原因、后果及风险程度展开详细的讨论、分析与评估，并结合企业自身的特点，提出必要的措施降低各事故情景的风险水平。

在开展HAZOP分析时，先要收集足够的过程安全信息资料，包括相关化学品的危害特性资料、化学反应特性、工艺流程设计资料、主要工艺设备规格文件以及自控与联锁方案等。

在分析开始时，将工艺系统划分成若干节点，然后逐个节点进行分析。划分节点的目的是便于开展分析工作。对于同一工艺系统，不同的分析小组可能采用不同的节点划分方案，这是很正常的现象。划分节点本身并没有对错之分。

可以综合运用本质安全、工程措施、行政管理和个人防护等措施来消除或控制所识别的过程危害。在可能的情况下，优先应用本质安全的策略来消除（或部分消除）工艺系统的内在危害，并协同考虑其他的危害控制措施（尤其是工程措施）来降低事故情景的风险。

本章介绍的定性 HAZOP 分析有一定的局限性，分析过程中主观色彩较浓厚，容易低估或高估事故情景的风险水平。分析小组成员经验的多寡对分析工作的质量影响很大。

第四章 融入保护层概念的半定量 HAZOP 分析

定性的 HAZOP 分析有助于识别工艺系统中的主要危害，但在风险评估时有较大的主观随意性，容易出现低估风险的情况（偶尔也高估风险），虽然开展了 HAZOP 分析，工艺装置却仍然是在高风险水平下运行。

在 HAZOP 分析过程中，通过引入保护层概念，将定性分析提升至半定量分析，可以较客观地衡量安全措施和建议项的有效性，对事故情景的理解会更加深入、也更贴近实际情况，超越对事故情景的简单定性认知。

第一节 引 子

2007 年 12 月 19 日，在美国佛罗里达州的一家中试工厂，发生了一起反应器爆炸事故，造成 4 人死亡和 32 人受伤。

在爆炸发生前，操作人员试图往反应器的夹套内通入冷却介质，将反应器此前的加热模式切换到冷却模式，以便带走反应热，为反应器内物料降温（反应器内当时有放热反应）。由于冷却介质管道上某个阀门出了故障，操作人员未能按照工艺要求将反应器切换到冷却模式。反应器内的物料温度持续上升，压力随之升高。经过一段时间后，反应器的爆破片破裂并向外泄压，大约在爆破片破裂了 10s 后，反应器发生了灾难性的破裂（爆炸），造成了严重的人员伤亡，并摧毁了工艺装置（见图 4-1）。

我们不打算在这里详细讨论造成这起事故的原因。但在这起事故中，有一个细节值得我们思考：在反应器超压时，它的爆破片破裂并泄压，但是，就在爆破片破裂后的极短时间内，反应器就超压破裂了（见图 4-2）。这表明两点，首先，这个反应器的爆破片原本是一个试图防止它超压的安全措施（估计工厂的管理人员或工程师也是这么认为的）；其次，这个爆破片在事故中没有发挥应有的作用，它没有如设计者所设想的那样起到防止反应器超压的作用。

这起事故中的爆破片看起来是一项安全措施，实际上它并没有效果，它的存

图 4-1　反应器爆炸后的场景

图 4-2　反应器爆破片破裂并泄压的模拟图

在未能阻止事故后果的出现。这类安全措施在流程工业企业中很常见，可以称之为“伪安全措施”。

伪安全措施是非常有害的！在开展 HAZOP 分析时，很容易将伪安全措施误以为是有效的措施，从而低估事故情景所带来的风险。譬如，在上述事故中，安装在反应器上的爆破片应该是被看成了有效的措施，装置的运营管理人员会因此认为已经有了足够的安全措施，不再考虑增加更多的措施，事实上该装置一直是在较高的风险下运行着。

由此可见，在开展 HAZOP 分析时，确保分析质量的一个重要环节是要确认现有措施和所提出的建议项的有效性，剔除伪安全措施，或者把它们变成有效的措施。

消除“伪安全措施”的干扰是为了弄清楚安全措施的有效性、真正理解事故情景，使风险评估更加贴近实际情况。

在 HAZOP 分析的风险评估环节，还会遇到另一个问题，就是到底我们需要多少安全措施才能把一种事故情景的风险降低到可以接受的风险水平。例如，在易燃液体中进行的氧化反应，用空气中的氧气作为反应介质。在这个反应器中，控制残余的氧气浓度非常重要，如果残余的氧气浓度过高，它与易燃溶剂蒸气混合，会在反应器内形成爆炸性混合气体。在设计中，为反应器设计了残余氧含量在线分析仪，并设置氧含量高报警和高浓度联锁停车。当我们对此反应系统开展 HAZOP 分析时，会面临一个问题，到底是在反应器上安装一套在线氧含量分析仪，还是安装两套？如果只安装一套，它出了故障怎么办？因此，考虑安装两套（安装两套是一种冗余的设计，可以提高可靠性）。但是，如果安装两套，需要增加投资，今后的维护工作也会增加，假如客观上并没有必要安装两套，我们为什么要浪费投资和人为增加不必要的维护工作量呢？按照第三章中介绍的定性 HAZOP 分析方法，无论最后选择以上哪一种方案，都是分析小组凭自己的经验主观推断的结果，缺乏客观性。

本章介绍的融入保护层概念的半定量 HAZOP 分析，可以帮助我们很好地解决上述问题。为了便于表述，本书下文中将半定量 HAZOP 分析（Semi-Quantitative HAZOP）简称 SqHAZOP。

在开展 SqHAZOP 分析时，涉及几个基本概念，包括事故情景的后果、初始原因、促成条件和独立保护层等。这些概念的应用是 SqHAZOP 与定性 HAZOP 分析的主要区别。

第二节 事故情景及其主要元素

HAZOP 分析的重要价值在于它可以帮助我们识别和评估工艺系统中存在的各种事故情景，特别是那些会导致严重后果的、风险等级较高的事故情景。

下面我们通过举例来说明一个完整的事故情景所包含的元素。

如图 4-3 所示，压力高的气体从上游工艺单元经阀门 XV101 与阀门 PV101 进入储罐 V-100，储罐的进料压力由调节阀 PV101 负责控制，在进料管道上的开关阀 XV101 用于异常情况下自动切断往储罐的进气。

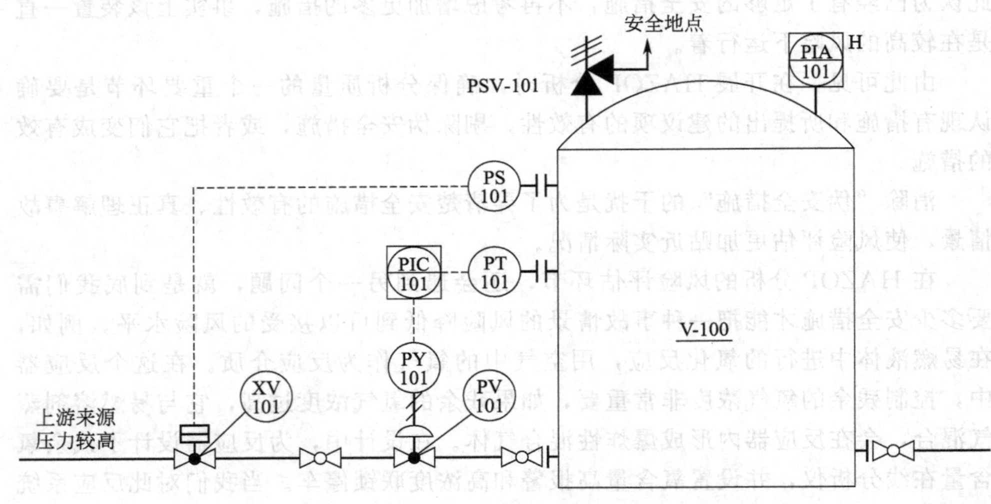

图 4-3 事故情景举例

这里存在一种事故情景，就是当阀门 PV101 出现故障并开度过大时，压力高的气体会大量进入储罐，储罐内压力上升。按照设计意图，当储罐内压力达到某个设定值时，开关阀 XV101 就会自动关闭以中断进料，防止储罐超压。不料此事故情景发生时，开关阀 XV101 所在的回路正好出了故障，开关阀 XV101 未及时关闭，因此压力高的气体仍然经由阀门 PV101 持续进入储罐 V-100，储罐内的压力继续升高。当储罐内压力升高至安全阀 PSV-101 的整定压力时，安全阀会起跳泄压，将气体排放至安全地点。安全阀 PSV-101 也不是百分之百可靠，倘若它此时也因为某种原因出了故障，未能起跳泄压，储罐内压力就会继续升高。再往后，就没有其他防止储罐超压的措施了！当储罐内的压力升高到它设计压力的 1.5 倍以上时，气体会从储罐薄弱处泄漏（如法兰连接处），当压力升高到设计压力 3.5 倍以上时，储罐可能发生灾难性的破裂（物理性爆炸），如果储罐周围正好有人，这些人很可能遭遇伤亡。

参考图 4-4，典型的事故过程包括原因、偏离和后果几个阶段。倘若工艺系统中存在某些危害，当条件成熟时，就会演变成事故。

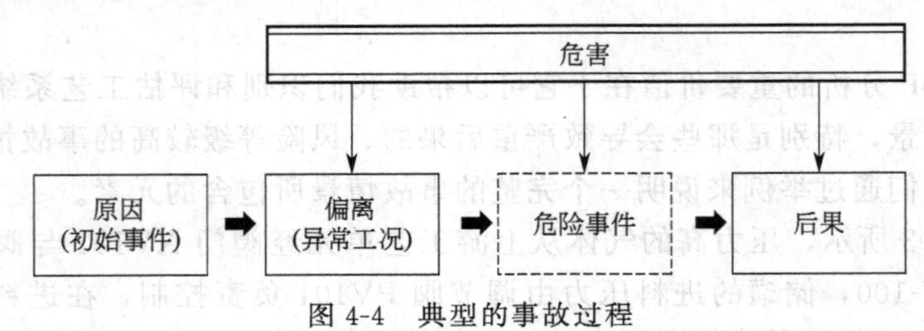

图 4-4 典型的事故过程

在图 4-3 所示的事故情景中，储罐上游压力高的气体介质是导致该事故情景的危害。导致此事故情景的原因（称为初始事件，也称引发事件）是调节阀 PV101 出现故障并开度过大。引起的偏离是压力高的气体经由阀门 PV101 持续进入储罐内，储罐内压力继续升高甚至超压。当这种偏离出现时，如果安全措施能发挥作用，例如开关阀 XV101 及时关闭并切断进料，就不会出现不良的后果，所发生的情形就称为危险事件（不是事故）。如果安全措施都失效了（包括开关阀 XV101 和安全阀 PSV-101），就会导致不良的后果（储罐 V-100 会因超压破裂，发生物料泄漏甚至人员伤亡），成为一起事故。

事故情景从初始事件发展到事故的后果，是一个比较复杂的过程（参考图 4-5），涉及事故情景的多个元素，包括原因、后果、促成条件、时间因素和保护层等。

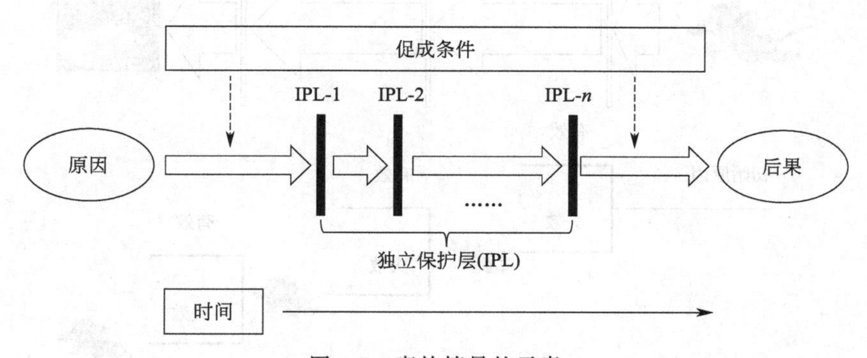

图 4-5 事故情景的元素

初始事件发生时，不一定会马上导致事故的后果，有时还需要具备一些其他条件，称为促成条件（也称为条件因素）。促成条件是事故情景的元素之一。

在上述图 4-3 的事故情景中，当初始事件（阀门 PV101 出现故障并开度过大）发生时，还需要有其他促成条件才会出现事故情景的后果（储罐 V-100 因超压破裂，发生物料泄漏甚至人员伤亡），例如，从上游工艺单元进入储罐 V-100的气体压力要足够高，如果其压力低于储罐 V-100 设计压力的 1.5 倍，通常不会出现上述后果。

在第三章的定性 HAZOP 分析举例中，平时有多人在车间内工作，如果车间内发生爆炸，在确定事故情景的后果时，就认为会有多人伤亡。实际情况是，即使车间内有几个人，当车间内发生爆炸时，也未必都会伤亡；道理很简单，操作人员或许当时没有在事故现场，或者当事故发生时，逃离了事故现场。在图 4-3 的事故情景中，操作人员必须是在储罐附近而且未能及时逃离，才会导致人员伤亡的后果。操作人员在现场并且未能及时逃离，是造成操作人员伤亡这一后果的促成条件。

除了促成条件外，在初始事件至事故后果之间通常还有多项安全措施，这些安全措施中，有一类特殊的安全措施，称为独立保护层（简称IPL，Independent Protection Layer）。独立保护层也是事故情景的元素之一，由初始事件引发的事故情景恶化至事故后果的路途中，需要突破所有的独立保护层。

在图4-6中，设想一只小老鼠欲进入房间内吃大米。这里的老鼠就是某种危害，老鼠吃到了大米代表导致了事故后果。老鼠要想吃到大米，需要成功穿过若干道门，才能进入存放大米的房间。这里的每一道门都是一个独立保护层。老鼠必须突破所有的门才能进入房间内吃到大米。换言之，只有在全部独立保护层都失效的情况下，才会出现事故情景的后果；只要有任何一道门还在发挥作用，都不会出现事故情景的后果。

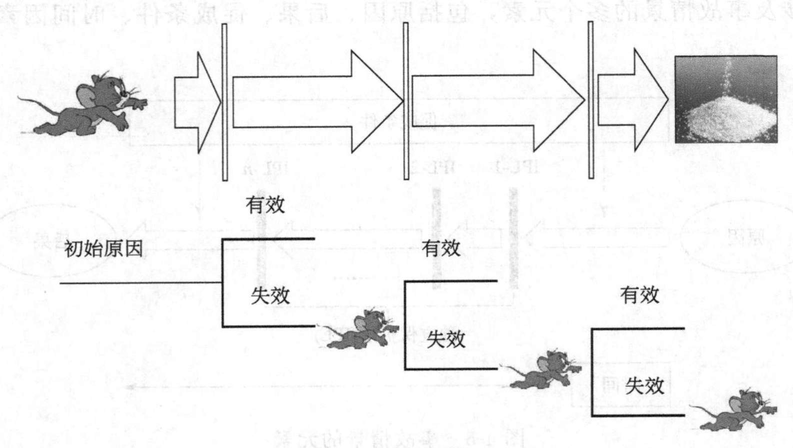

图4-6　独立保护层的作用

这一个例子也说明了一个道理：如果我们设置足够多的独立保护层，灾难性的事故是完全可以预防的。而且，独立保护层的数量也不是越多越好，要拦住老鼠，设置的门越多，固然有好处（当门的数量多到一定程度后，再增加新的门，降低风险的意义会变得越来越小），但同时会带来麻烦，需要更多投资才能建造更多的门，更多的门会增加维护的工作量，自己进出这些门也不方便。所以说，安全措施也不是越多越好，应当以将事故情景的风险降低到可以接受的水平为依据来判断当前的安全措施是否足够、是否需要增加新的措施。这也说明为什么风险评估是HAZOP分析的重要环节、为什么半定量的SqHAZOP分析比定性HAZOP分析更贴近实际。

在开展SqHAZOP分析时，应该识别事故情景中所有的独立保护层，了解每一个独立保护层的作用（它消除或降低风险的贡献）；评估是否还需要增加新的独立保护层来降低风险，如果需要，还要增加多少独立保护层才能将风险降到可以接受的水平。

在某些情况下，时间也是事故情景的元素之一。例如，在图4-3的事故情景中，如果储罐 V-100 与上游供气的工艺单元都处在停车状态，即使阀门 PV101 出现故障并开度过大，也不会出现事故后果。通常，对间歇流程的工艺系统开展 SqHAZOP 分析时，可以考虑事故情景的时间元素，使风险评估更贴近实际情况。

在第三章中介绍的定性 HAZOP 分析方法，没有考虑事故情景的促成条件，也没有对事故情景相关的安全措施的有效性进行深入的评估，因此，其分析结果的准确性与客观实际有时会存在较大的差异。反之，要提高 HAZOP 分析的工作质量，就要加深对事故情景的认知，不但需要弄清楚事故情景的原因、偏离与后果，而且要透彻理解造成事故后果的促成条件及相关的独立保护层。

第三节　半定量 HAZOP 分析工作表

半定量 SqHAZOP 分析方法与本书第三章中介绍的定性 HAZOP 分析方法最大的不同之处，是它会对事故情景开展半定量的分析，使得风险评估的结果更加贴近实际情况，以避免低估（或过分高估）事故情景的风险水平。

SqHAZOP 分析的工作表如表 4-1 所示。

表 4-1　SqHAZOP 分析工作表

HAZOP 分析工作表

项目名称	
评估日期	
节点编号	
节点名称	
节点描述	
设计意图	
图纸编号	

编号	参数＋引导词	偏离描述	原因	F0	后果	Si	Li	Ri	现有措施	Fs	S	L	R	建议项编号	建议项	Fr	Sr	Lr	Rr

SqHAZOP 分析的工作表与定性 HAZOP 分析的工作表有几处不同。

首先，SqHAZOP 分析的工作表在列数上有所增加，增加的几列主要用于风险评估。表 4-2 中列出了所增加列的说明。

表 4-2 SqHAZOP 工作表新增列的标题与含义

新增列的标题	列的含义
F0	导致偏离的直接原因(初始事件)及促成条件出现的可能性
Si	在不考虑任何现有措施的情况下,可能出现的后果(原始后果)
Li	出现原始后果 Si 的可能性
Ri	在不考虑任何现有措施的情况下,本事故情景的风险等级(原始风险等级)
Fs	各项现有措施的响应失效率(需要响应时,发生失效的可能性)
S	在考虑了现有措施的情况下,可能出现的后果(当前后果)
L	出现当前后果 *S* 的可能性
R	在考虑了现有措施的情况下,本事故情景的风险等级(当前风险等级)
Fr	各个建议项的响应失效率(需要响应时,发生失效的可能性)
Sr	在考虑了现有措施和建议项的情况下,可能出现的后果(残余后果)
Lr	导致残余后果 Sr 的可能性
Rr	在考虑了现有措施和建议项的情况下,仍然存在的残余风险等级(残余风险等级)

其次，每种事故情景占用的行数不同。在定性 HAZOP 分析工作表中，通常将同一种事故情景的描述都写在同一行中。在 SqHAZOP 分析工作表中，为每种事故情景分配了五行（因此也可以将 SqHAZOP 分析称为“五行分析法”）。这么做的目的，是将每项现有措施和每条建议项分别放在一行内，以便与它们响应失效率数据（Fs 及 Fr）相互对应。为什么要设置五行呢？设置五行，意味着对于一种事故情景，最多可以填写五项现有措施，还可以增加五个建议项，这些措施通常足够将其风险降低到可以接受的水平。

第四节　半定量 HAZOP 分析举例

在本书第三章 HAZOP 分析举例的基础上，本节将参考图 4-7 中的 P&ID 图，以其中的节点-2（气液分离单元）为例，说明如何开展融入保护层概念的半定量 HAZOP 分析。

举例分析的结果参考表 4-3。

在分析过程中，明确分析范围、了解危险化学品的特性、划分节点等步骤的做法与第三章中的举例是一样的。以下以事故情景 2-2 为例说明 SqHAZOP 分析的基本方法。

对于事故情景 2-2，在 HAZOP 分析工作表的“编号”一列中写下“2-2”，代表这是第 2 个节点的第 2 种事故情景。

将引导词“没有”和参数“流量”搭配，就会得到“没有流量”这一种偏离（也可以直接引用广义引导词“没有流量”）。

针对没有流量这一偏离，将详细的偏离描述填写好，然后讨论这一偏离出现时是否有值得关心的后果，回答是肯定的。因此，先在原因一列的第一行中，写

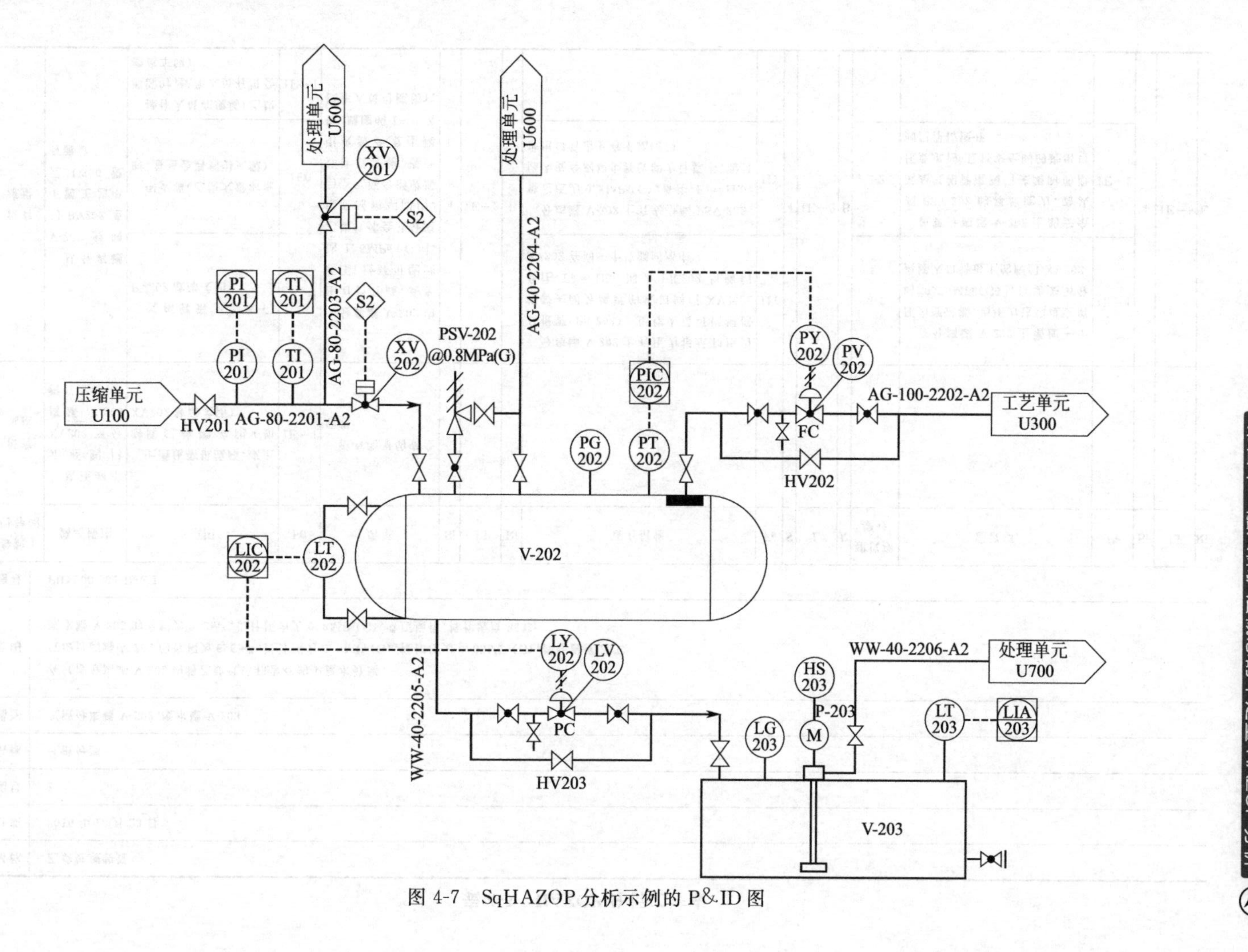

图 4-7 SqHAZOP 分析示例的 P&ID 图

表 4-3 HAZOP 分析工作表

项目名称	乙炔处理装置
评估日期	2016 年 12 月 23 日
节点编号	2
节点名称	气液分离
节点描述	气液分离罐 V-202，废水罐 V-203
设计意图	在气液分离罐 V-202 内将乙炔气体和含有的少量水分离 气液分离罐 V-202 的容积为 6.6m³，设计压力 0.9MPa(G)，操作压力 0.65MPa(G)，操作温度 25℃ 废水罐 V-203 的容积为 2.2m³，设计压力为 0.2MPa(G)，常压操作，操作温度 25℃
图纸编号	PID-200-001 Rev. 1

编号	参数+引导词	偏离描述	原因	F0	后果	Si	Li	Ri	现有措施	Fs	S	L	R	建议项编号	建议项	Fr	Sr	Lr	Rr
2-1	没有流量	从压缩单元经阀门 XV202 至分离罐 V-202 没有流量	上游压缩机故障，或上游阀门故障关闭（如 XV202 故障关闭）	1E−1	没有明显的安全后果														
2-2	没有流量	从分离罐 V-202 经阀门 PV202 至下游工艺单元 U300 没有流量	气相管道上的阀门 PV202 故障关闭	1E−1	分离罐 V-202 内压力会升高，甚至超压[最高可能到达 1.6MPa(G)]，乙炔气体会从分离罐泄漏到车间内，与空气混合形成爆炸性混合物，遇到引火源会发生爆炸，周围的 1～2 名操作人员可能伤亡	4	1E−2	B	分离罐 V-202 上有压力指示和压力高报警(PIC202)。操作人员可以根据报警关闭分离罐的入口阀门 XV202。备注：Fs＝1E0，因为 PIC202 与阀门 PV202 在同一个控制回路中	1E0	4	1E−2	B	2-1	在分离罐 V-202 上增加一个压力变送器，当压力达到设定值时[0.75MPa(G)]，自动关闭分离罐入口管道上的阀门 XV202	1E−1	4	1E−5	E
			引火源（乙炔大量泄漏时，总是会遇到引火源）	1E0					分离罐 V-202 上有安全阀 PSV-202，整定压力 0.8MPa(G)，备注：Fs＝1E0，因为安全阀缺少释放能力计算书，而且进出口管道上有手动阀门	1E0				2-2	核算分离罐 V-202 上的安全阀 PSV-202 的释放能力，确认满足气相管道阀门关闭时的泄压要求，并且将安全阀的进出口阀门保持锁开	1E−2			
			操作人员在现场（乙炔泄漏时，操作人员有机会撤离车间）	1E−1															

续表

编号	参数＋引导词	偏离描述	原因	F0	后果	Si	Li	Ri	现有措施	Fs	S	L	R	建议项编号	建议项	Fr	Sr	Lr	Rr
2-3	没有流量	从分离罐V-202经阀门PV202至下游工艺单元U300没有流量	气相管道上手阀被误关(阀门PV202上游任意一个手阀被误关)	1E−1	分离罐V-202内压力会升高，甚至超压[最高可能到达1.6MPa(G)]，乙炔气体会从分离罐泄漏到车间内，与空气混合形成爆炸性混合物，遇到引火源会发生爆炸，周围的1～2名操作人员可能伤亡	4	1E−2	B	分离罐V-202上有压力指示和压力高报警(PIC202)。操作人员可以根据报警关闭分离罐的入口阀门XV202。备注：Fs＝1E0，因为操作人员没有足够的时间做出响应	1E0	4	1E−2	B		参考建议项2-1：在分离罐V-202上增加一个压力变送器，当压力达到设定值时[0.75MPa(G)]，自动关闭分离罐入口管道上的阀门XV202	1E−1	4	1E−5	E
			引火源(乙炔大量泄漏时，总是会遇到引火源)	1E0					分离罐V-202上有安全阀PSV-202，整定压力0.8MPa(G)。备注：Fs＝1E0，因为安全阀缺少释放能力计算书，而且进出口管道上有手动阀门	1E0					参考建议项2-2：核算分离罐V-202上的安全阀的释放能力，确认满足气相管道阀门关闭时的泄压要求。并且将安全阀的进出口阀门保持锁开	1E−2			
			操作人员在现场(乙炔泄漏时，操作人员有机会撤离车间)	1E−1															
2-4	没有流量	从分离罐V-202经阀门LV202至废水罐V-203没有流量	排水管道上的阀门LV202故障关闭	1E−1	分离罐V-202内液位会升高，参考本节点“液位过高”														

下导致没有流量的一种原因，此处以阀门 PV202 故障关闭这一原因导致的事故情景为例做说明。这一事故情景的原因是“气相管道上的阀门 PV202 故障关闭”。

如果气相管道上的阀门 PV202 出现故障并关闭，就一定会导致 1～2 人伤亡吗？显然不是！导致人员伤亡的后果还取决于两个促成条件，一是乙炔气体泄漏后与空气形成爆炸性混合物，并遇到引火源，被引燃发生爆炸；一是在爆炸发生时，操作人员处在事故地点，未及时从事故地点撤离至安全的地方。在 HAZOP 分析时，考虑这两个促成条件后，分析的结论才更贴近实际情况。

在 F0 这一列中，初始原因是调节阀 PV202 故障关闭，它的可能性是 1×10^{-1}（或写成 1E－1），所以在事故情景 2-2 的 F0 这一列的第一行填写 1E－1。两个促成条件，一是引火源，在 F0 这一列中填写 1E0，它的含义是当发生大量泄漏时，引火源总是存在的；一是操作人员在现场，在这个例子中，乙炔发生大量泄漏时能够被及时发现，车间内有可燃气体探测仪，而且有应急预案，操作人员都接受过培训，F0 取值 1E－1，即操作人员有 90％逃离现场的可能性。关于这些计分的方法，在本章中将做详细说明。

本事故情景的后果是会造成 1～2 人伤亡，根据风险矩阵，后果严重性等级是 4，因此在 Si 这一列中，填写数字“4”。造成此后果的可能性是 Li，在这里，Li 是 1E－2，它是由 F0 这一列中的数据计算所得。在风险矩阵表中，根据 Si 和 Li 的值，可以得出风险的等级是 B，所以在 Ri 一列中填写“B”，它是本事故情景的原始风险，属于较高的风险水平。

在本例中，有两项安全措施，一是压力指示（PIC202），经由 DCS 控制系统可以提供压力高报警，操作人员根据报警可以采取应急操作；一是分离罐上的安全阀 PSV-202，当分离罐内压力升到足够高时，安全阀起跳泄压，防止分离罐超压。但是，对于编号 2-2 的事故情景，它们都不是有效的安全措施，属于“伪安全措施”（原因请详见 HAZOP 工作表中的说明），所以，在 Fs 列中，得分都是 1×10^{0}(1E0)，即失效率按照 100％计。在此事故情景中，没有预防事故情景或减轻后果的现有措施，在考虑了现有措施的作用后（此处现有措施没有起作用），对事故情景 2-2 再次做风险评估，其中 S 是 4，L 是 1E－2，当前的风险等级 R 是 B。

鉴于当前的风险水平较高（等级是 B），因此需要增加建议项。在本例中，建议增加两个建议项，一是“在分离罐 V-202 上增加一个压力变送器，当压力达到设定值时［0.75MPa(G)］，自动关闭分离罐入口管道上的阀门 XV202”，这个建议项的响应失效率 Fr 的取值是 1×10^{-1}（1E－1）；一是“核算分离罐 V-202 上的安全阀 PSV-202 的释放能力，确认它满足气相管道阀门关闭时的泄压要求，并且将安全阀的进出口阀门保持锁开”，这个建议项的响应失效率 Fr 的取值是 1×10^{-2}（1E－2）。

有了上述建议项后，事故情景 2-2 的后果严重程度并没有改变，残余后果 Sr 还是 4，导致该后果的可能性 Lr 变成了 1×10^{-5}（1E－5），根据 Sr 与 Lr 的数值，在风险矩阵表中得出残余风险等级 Rr 是 E，落在可以接受的区域内（风险水平可以接受）。

以上完成了事故情景 2-2 的分析，类似地完成本节点中其他各事故情景的分析，整个节点的分析就完成了。

通过以上示例，可以看出，相对于定性 HAZOP 分析，SqHAZOP 分析对于事故情景的分析更加全面、对安全措施有效性的衡量有助于剔除“伪安全措施”，使风险评估更加贴近实际情况。

第五节　事故情景的后果分析

在定性 HAZOP 分析时，事故情景的后果由分析小组根据经验来判断，在多数情形下，这种判断也是可取的。例如，有一名操作人员和一名槽车司机在作业现场将易燃化学品从槽车卸入储罐内，假如卸料软管发生泄漏引起局部火灾，可以定性判断 1～2 人伤害甚至伤亡，这种判断与实际情况通常基本是相符的。但是，在有些情况下，特别是有毒物质泄漏的情形，难以准确地推断出事故情景的后果。

在 SqHAZOP 分析时，对于可能造成严重后果的事故情景，分析小组应该更加准确地理解其后果。可以采用软件（如 ALOHA 软件）模拟物料泄漏时的影响范围（包括致死浓度覆盖的范围），再根据受影响范围内的人数分布，就可以比较准确地得出事故情景出现时可能造成的伤亡人数。

采用 ALOHA 进行模拟非常便捷，只需要一些基本的数据，大约 10min 就能完成一种事故情景的模拟。ALOHA 是美国环保局发布的一款免费软件，可以从互联网上下载安装。

在开展过程危害分析时，可以用 ALOHA 软件模拟两类事故的后果，一是火灾或爆炸的影响范围，一是有毒物质的扩散影响区域。

例如，如图 4-8 所示，温度为 50℃的甲苯从 DN80 的管道泄漏到围堰内，形成池火。通过 ALOHA 模拟，可以得到四个危害程度不同的区域：最里面的是红色区域，该区域的半径为 10m，热辐射通量超过 10.0kW/m^2，在该区域内的人，60s 内可能致死；往外是橙色区域，该区域是一个圆环，圆环的小圆半径为 10m，大圆半径为 16m，热辐射通量超过 5.0kW/m^2，在该区域内的人，60s 内可能遭受二度烧伤；再往外是黄色区域，该区域也是一个圆环，圆环的小圆半径为 16m，大圆半径为 27m，热辐射通量超过 2.0kW/m^2，该区域内的人，停留 60s 会有灼痛感；黄色区域边缘之外的整个白色区域是安全区域。

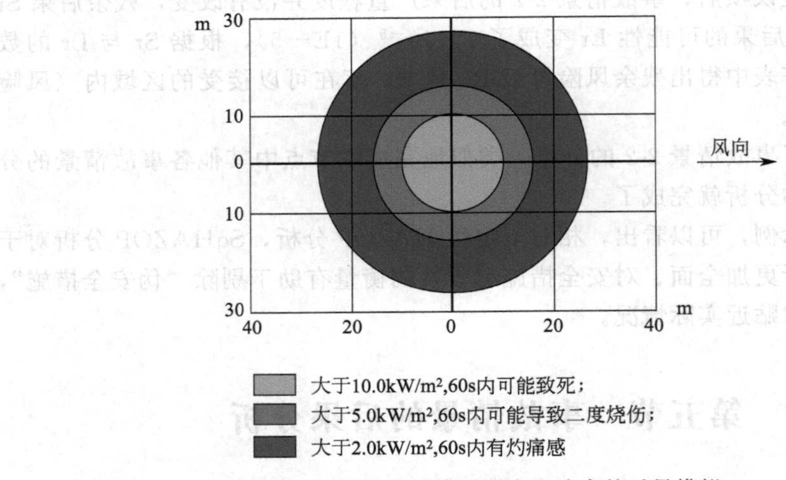

图 4-8 甲苯从储罐泄漏发生池火的后果模拟

参考上述模拟结果，根据泄漏点附近各区域内的人员分布情况，就可以推测事故发生时可能造成的人员伤亡后果。如果在距离泄漏点 10m 范围内总有 1～2 名操作人员常驻，则本事故情景可能导致 1～2 人伤亡。反之，如果在距离泄漏点 10m 范围没有人员常驻，考虑到事故情景发生时巡检人员碰巧经过此地，因此，事故情景的后果就是 1 人伤亡。

类似地，还可以通过 ALOHA 模拟有毒物料泄漏扩散的后果。有毒物料泄漏扩散时，最危险的区域是靠近泄漏源的红色区域，在该区域内的人，如果没有他人救助，会发生死亡（通常认为该区域内的人会丧失自救能力）。

在开展 HAZOP 分析时，多数情况下分析小组可以根据经验判断事故情景的后果。如果对某事故情景的后果的推测没有把握，可以采用 ALOHA 或类似软件进行模拟，以获得更加可靠的结论。

第六节 初始原因

一、初始原因的概念

初始原因就是第三章所介绍 HAZOP 分析方法中的原因。在这里加上“初始”两个字，主要是为了强调其与促成条件的差别。每一起事故情景只有一个初始原因。初始原因可以等同于保护层分析方法中的初始事件。

常见的初始原因包括设备或管道故障、仪表故障、失去公用工程、人员操作失误和外部原因等。

二、初始原因出现的频率

在 SqHAZOP 分析中，需要确定初始原因发生的可能性，填写在分析表 F0 所在的列中，它是指在某个运行时间段内初始原因（事件）出现的频率，它的量纲单位是次/年，也有些机构采用百万人工时作为时间段。常见的表述方式有 1×10^{-n}/a，也可以简单写作 1E−n。

可能性和频率两者略有差别。可能性是指未来一段时间内事故情景将要发生的概率，是预示事故情景是否容易出现的相关数据。频率是通过对以往事故的统计分析而得到的事故发生概率数据。在本质上，可能性与频率两者并无区别，在本书中两者的含义是一样的，为了便于表达，多数使用频率这个词。

表 4-4 中，列出了一些常见初始原因及其出现的频率数据。

表 4-4　部分初始原因及其频率

序号	初始原因	文献数据 /(1/a)	SqHAZOP 使用的频率数据/(1/a)
1	基本工艺控制系统(BPCS)的仪表回路故障	$1\sim10^{-2}$	1×10^{-1}
2	调节器故障	$1\sim10^{-1}$	1×10^{-1}
3	垫片或密封填料损坏喷出	$10^{-2}\sim10^{-6}$	1×10^{-2}
4	泵的密封破裂导致泄漏	$10^{-1}\sim10^{-2}$	1×10^{-1}
5	卸料或装料软管破裂导致泄漏	$1\sim10^{-2}$	1×10^{-1}
6	常压储罐泄漏	$10^{-3}\sim10^{-5}$	1×10^{-3}
7	管道小泄漏(10%管道截面积泄漏,每 100m 管道)	$10^{-3}\sim10^{-4}$	1×10^{-3}
8	管道大泄漏(管道断裂,每 100m 管道)	$10^{-5}\sim10^{-6}$	1×10^{-5}
9	安全阀意外开启	$10^{-2}\sim10^{-4}$	1×10^{-2}
10	冷却水供应中断	$1\sim10^{-2}$	1×10^{-1}
11	工艺单元的供电中断	$1\sim10^{-1}$	1×10^{-1}
12	小型外部火灾(考虑了各种原因的综合结果)	$10^{-1}\sim10^{-2}$	1×10^{-1}
13	大型外部火灾(考虑了各种原因的综合结果)	$10^{-2}\sim10^{-3}$	1×10^{-2}
14	第三方干扰(如车辆撞击)	$10^{-2}\sim10^{-4}$	1×10^{-2}
15	遭受雷击	$10^{-3}\sim10^{-4}$	1×10^{-3}

第 1 项基本工艺控制系统（BPCS）故障。这里的 BPCS 是 Basic Process Control System 的缩写，BPCS 是指集散控制系统（DCS）和可编程逻辑控制器（PLC）。此处所指的 BPCS 故障是指某个特定的 DCS 控制回路的故障或 PLC 控制回路的故障。按照国际电工委员会提供的数据（IEC61511，2001），BPCS 回路的故障率超过 8.761×10^{-2}/a。在开展 SqHAZOP 分析时，对于所有的 BPCS 回路（DCS 控制回路或者 PLC 控制回路），均采用 1×10^{-1}/a（即 1E−1）。

第 2 项调节器故障，是指自励式调节阀故障，或者电加热等硬件控制器的故障，故障率通常取 1×10^{-1}/a，与 BPCS 的控制回路类似。

第 3 项垫片或密封填料损坏喷出，发生物料泄漏。不同工艺系统和设备的垫片、密封填料的可靠性差异很大。按照保守的原则，在 SqHAZOP 分析时，其

故障率通常取 1×10^{-2}/a。

第4、5、6项与第3项类似。

第7项管道小泄漏，是指在100m长的管道中，出现破口面积不超过管道截面积10%的泄漏，它出现的频率是 1×10^{-3}/a。分析一条较长管道（长度超过100m时），需要按100m为单位来修订在该管道发生泄漏的频率数据。例如，假设管道的实际长度是10000m，按照 $10000/100\times(1\times10^{-3})=1\times10^{-1}$ 进行修正，发生小泄漏的频率就是 1×10^{-1}/a。

第8项与第7项类似，是指管道完全破裂。

第9项安全阀意外开启，是指工艺系统压力并没有达到设定的起跳压力，但安全阀因故障而开启，工艺物料从安全阀释放出来。安全阀的工作状态受工作环境、日常维护等各种因素的影响，此处取频率数据 1×10^{-2}/a。

第10项和第11项，是指公用工程的非计划中断（没有事先通知的情况下意外中断），包括冷却水、冷冻盐水、氮气供应、供电等。它出现的频率通常可以取 1×10^{-1}/a。但在开展SqHAZOP分析时，应该结合企业的实际情况做适当的调整，例如，企业所在地区供电不稳定，每年的非计划停电超过一次，则应该结合实际情况取 1×10^{0}/a，不应采用此表格中的数据 1×10^{-1}/a。

第12项和13项，是指在工艺装置附近发生火灾的情形。此处的频率数据考虑了各种原因造成火灾的总和。通常其中的大型火灾是需要关心的，因为它可能引起沸腾液体膨胀蒸气爆炸（BLEVE），造成灾难性的后果。

第14项第三方干扰，主要是指车辆（包括叉车、运输车辆和施工车辆等）撞击工艺设施造成泄漏等事故。

第15项是指工艺系统遭受雷击，此处的数据仅供参考。开展分析时，需要考虑工艺系统所在地是否是雷电高发区。

表4-5中列出了人员操作失误这一类初始原因及其出现的频率。

表4-5　初始原因（人员操作失误）及频率

序号	初始原因	SqHAZOP使用的频率数据/(1/a)	备注
1	应急操作：操作人员接受过良好的培训，但在有压力的情况下操作	1×10^{0}	应急状态下的操作
2	正常操作：操作人员接受过良好的培训，在没有压力的情况下操作	1×10^{-1}	正常生产操作
3	双人复核：操作人员接受过良好的培训，在没有压力的情况下操作，并有他人独立复核（即双人复核）	1×10^{-2}	复核的另一个人宜为基层管理人员，例如当班的班长

此表格中的数据适用于每月至少有一次的操作。人员操作失误可以分成三种情形，所有的情形都以操作人员接受过良好的培训为前提，也就是说，操作人员熟悉所操作的工艺系统，了解其基本的危害，并且熟知在意外情景出现时的应急

操作方法及步骤。

第一种情形是应急操作。假如每个月都需要有至少一次应急操作，那么在1年当中，可能会出现一次操作失误。

第二种情形是正常生产操作。假如每个月都至少进行一次操作，那么在10年内，可能会发生一次操作失误。

第三种情形是正常生产操作，而且有可靠的双人复核。假如每个月都至少进行一次操作，那么在10～100年内，可能会发生一次操作失误。

表4-4与表4-5中的频率数据是以工艺系统一个年度的运行作为基准的。如果实际的运行时间不足一个年度10%的时间，在分析时，需要对这些数据做适当修正。例如，一个间歇操作的反应器，由DCS控制进料，进料流量控制回路的正常故障频率是1×10^{-1}/a。如果这个反应器在一年中只工作30d，约占一整年的10%，分析时应该采用修订后的故障频率：采用$1\times10^{-1}\times10\%$，即1×10^{-2}/a。

第七节 促成条件

一、引入促成条件

在SqHAZOP分析时，需要对促成条件加以分析，目的是对造成事故后果的频率数据进行修订，使HAZOP分析的结论尽可能贴近客观实际情况。

促成条件出现的频率数据填写在HAZOP分析表的F0这一列中；对于任何一种事故情景，该列的第一行是初始原因的频率数据，从第二行开始，逐行填写促成条件的频率数据。促成条件出现的频率数据，通常也写成1×10^{-1}/a或1E－1的形式。

常见的促成条件有引火源、人员在现场及缓慢发展的事故情景等。

二、促成条件 引火源

对于涉及火灾或爆炸的事故情景，引火源是一种重要的促成条件。如果没有引火源，虽然有易燃物料泄漏，也不会发生火灾或爆炸。

通常按照以下原则来确定引火源这一促成条件的频率数据：

(1) 如果易燃物料泄漏处存在明火，例如，在燃烧炉的附近发生泄漏，取100%（认为引火源总是存在），在工作表格中写成1×10^{0}/a或1E0。

(2) 如果易燃物料泄漏处位于一般的工艺区域内，而且泄漏量较大，迅速闪蒸形成较大范围的蒸气云团，取100%（认为引火源总是存在）。在工作表格中写成1×10^{0}/a或1E0。

(3) 如果是在罐区内发生泄漏，易燃物料泄漏处没有明火，取10%（即被引燃的可能性为10%)。在工作表格中写成1×10^{-1}/a或1E-1。

(4)如果泄漏发生在一般的工艺区域内，易燃物料泄漏处没有明火，而且泄漏扩散的影响范围不大（泄漏区域的半径不超过7.5m)，取10%（即被引燃的可能性为10%)。在工作表格中写成1×10^{-1}/a或1E-1。

三、促成条件　人员在现场

对于后果是人员伤亡的事故情景，人员在现场是造成人员伤亡的必要条件(促成条件)。如果没有人员在场，虽然发生有毒物泄漏，或者发生火灾爆炸，也不会造成人员伤亡。

通常按照以下原则来确定人员在现场这一促成条件的频率数据：

(1)如果在事故影响范围内，平时有常驻的操作人员，则认为总是有人在现场，取100%。在工作表格中写成1×10^{0}/a或1E0。

(2)如果在事故影响范围内，平时没有常驻的操作人员，需要考虑一名巡检人员遭受伤亡，巡检人员在现场驻留的时间不超过10%。在工作表格中写成1×10^{-1}/a或1E-1。

(3)根据企业的实际情况（应急反应的通常做法)，需要考虑事故发生时，应急反应人员是否可能遭受伤害。如果应急反应人员会暴露在危险的区域内并且容易遭受伤亡，人员在场的促成数据应该取100%。在工作表格中写成1×10^{0}/a或1E0。

四、促成条件　缓慢发展的事故情景

在HAZOP分析时，有时还会就“缓慢发展的事故情景”做修订，也就是在F0一栏赋值1×10^{-1}或1E-1。所谓“缓慢发展的事故情景”是指初始原因出现后，至少24h以后才会导致事故后果的事故情景。例如，某些化学品有发生自聚反应的危害，当阻聚剂的浓度低于所需浓度值时，会发生自聚，但是，不是一出现阻聚剂低于要求的浓度就会马上导致反应失控的后果，而是一个缓慢发展的过程，在1～2d或更长时间后才会显现出事故后果。之所以对这些事故情景发生的可能性做修订，是因为在如此长（24h或更长）的持续时间内，有很多相关的参数通常都会呈现出异常，操作人员有更多的机会来发现它，并有足够长的时间做出响应，导致事故后果的可能性自然会低一些。

第八节　独立保护层

一、独立保护层的概念

独立保护层（简称IPL）是非常重要的一个概念。独立保护层可以是一种工程措施（如联锁回路），也可以是一项行政管理措施（如带检查表的操作程序），还可以是操作人员的响应（如操作人员根据报警关闭阀门或停泵）。

所有的独立保护层都是安全措施。但是，安全措施不一定是独立保护层。安全措施必须满足以下三个基本条件，才能称为独立保护层。

(1) 有效性　具有足够的能力防止出现事故情景的后果。独立保护层的作用要么是防止初始原因发展成事故，要么能减缓事故的后果。如果独立保护层的作用是防止初始原因发展成事故，那么，它的响应失效率应该不超过10%，换言之，独立保护层应该至少有90%的可靠性。

(2) 独立性　与事故情景的初始原因相互独立，且不与同一事故情景中其它的独立保护层有交叉或关联。

(3) 能验证　独立保护层的效果能够通过某种方式进行验证，并可以记录在文件或图纸上。

常见的属于独立保护层的安全措施有：

● 本质安全的设计。

● 基本工艺控制系统（BPCS）。

● 人为干预。是指操作人员根据关键报警采取的应急操作或响应，例如，操作人员根据高液位报警及时关闭储罐的进料阀门。

● 检查表格式的操作程序（含维修程序）。操作程序通常不作为独立保护层，但检查表格式的操作程序除外。对于一些重要的操作，操作人员依照事先准备好的检查表，逐项操作并确认，可以有效避免操作错误。

● 安全仪表功能（SIF）。是指通过安全仪表系统的回路所实现的安全功能，如安全联锁。

● 物理保护措施。这类独立保护层有安全阀、爆破片、泄爆板等等，属于通过物理硬件实现安全的措施。

● 后果减轻措施。是指可以有效减轻事故情景后果的一些措施，如围堰、防爆墙等。

二、独立保护层的有效性

独立保护层的有效性是指它能够独立阻断事故发展路径，或者独立消除事故情景的后果，在此过程中它不需要第三方协助。

例如，防止容器超压的安全阀，要成为独立保护层，必须有计算书证明其有足够的释放能力，满足相关事故情景的压力释放要求，并且释放至安全的地方。本章 HAZOP 分析的举例中（见图 4-7），安全阀 PSV-202 缺少计算书，而且在进出口的管道上有手动阀门，因此，在开展分析时，不能作为避免储罐 V-202 超压的有效措施。

又如，储罐的围堰要成为独立保护层，强度必须足够高，而且围堰内有足够大的空间，能容纳泄漏出来的物料。

当然，有效不代表它不会失效。所有的独立保护层都可能失效，它们的响应失效率 PFD 在 0~1 之间，如果 PFD=0 则是 100%可靠，客观上难以实现。

人们将独立保护层分成两类，一类是被动措施，一类是主动措施。

被动措施是指那些在发挥作用时不需要做出任何响应动作的安全措施，譬如围堰，当有液体泄漏时，它不需要动作就能完成容纳。又如，反应器的设计压力高于其中可能出现的最高压力，从安全上而言，这种设计也是提供了防止反应器超压的被动措施。

主动措施是指那些必须做出某种响应动作才能发挥作用的安全措施，如弹簧式安全阀，当压力足够高时，它们需要起跳才能泄压。又如，联锁回路在检测到异常工况时，是通过响应动作（如关闭阀门）来确保安全，它们也是主动措施。

以往，有些企业将被动安全措施视为 100%可靠的措施，如果有被动的安全措施，就认为事故情景不存在或不会出现相应的后果，也就不再做更多的讨论；目前，支持这种看法的人较少了，因为即使是被动的安全措施，仍然存在失效的可能性，其响应失效率的确较低，但并非 100%可靠。

三、独立保护层的独立性

独立保护层的名字中就有“独立”二字，可见独立性是它非常重要的一个特征。这里的独立性包括两重含义：一方面，它要与事故情景的初始原因无关；另一方面，它要与本事故情景的其他独立保护层没有交叉或重叠。

独立保护层应该与事故情景的初始原因无关。

如图 4-9 所示，阀门 PVC-7A 故障开启，可燃气体会大量进入储罐 27V-16 内，导致储罐内压力升高甚至超压。相反，阀门 PVC-7B 开启可以排放气体，如果它的释放能力足够大，可以防止该储罐超压。但是，在这个例子中，阀门 PVC-7B 的开启泄压不是一个有效的安全措施，因为它与导致本事故情景的阀门 PVC-7A 共享了压力变送器 PT7，换言之，它们是亲戚关系（有相关性）。

阀门 PVC-7A 出现故障并开得过大的频率是 1×10^{-1}/a，该数据是整个回路中各种故障导致阀门 PVC-7A 故障开大的可能性之总和。阀门 PVC-7A 故障开大是因为它所在回路某处发生了故障而导致的，可能是由于阀门本身有了故障，也可能是压力变送器 PT7 出了故障。如果是压力变送器出了故障（送出压力低的信号，开大阀门 PVC-7A），它就不会打开阀门 PVC-7B，因此，在此事故情景里，PVC-7B 开启不是可靠的安全措施。如果要让它变得有效，它应该与初始原因（阀门 PVC-7A 回路）无关。

本章 HAZOP 分析的举例中（见图 4-7），在阀门 PV202 故障关闭的事故情景中，操作人员根据压力指示 PIC202 的应急操作，不能作为避免分离罐 V-202 超压的有效措施，主要原因是因为 PIC202 与阀门 PV202 在同一个控制回路里，

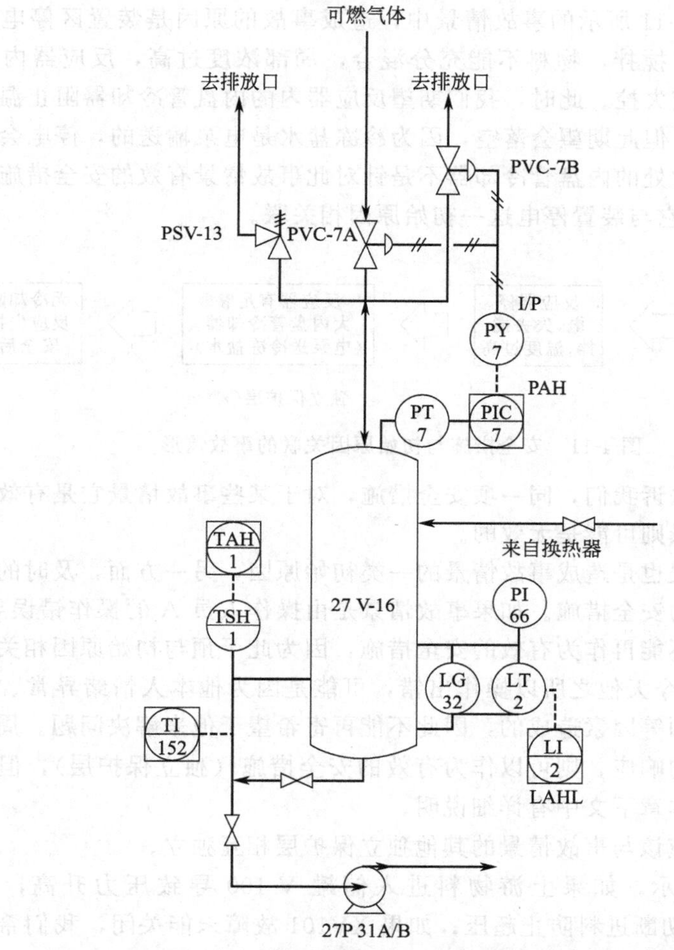

图 4-9　与初始原因相关的安全措施不是独立保护层

它与初始原因的引发者（阀门 PV202）是“亲戚关系”，没有彼此独立。

又如，在图 4-10 所示的事故情景中，造成事故的原因是反应器进料比例控制故障，反应放热增加，温度升高，会导致反应失控。但在反应器内有内盘管冷却器，它的冷却能力足够大，能阻止温度继续升高和避免反应失控。此处的内盘管冷却器是足够有效的安全措施（即独立保护层）。

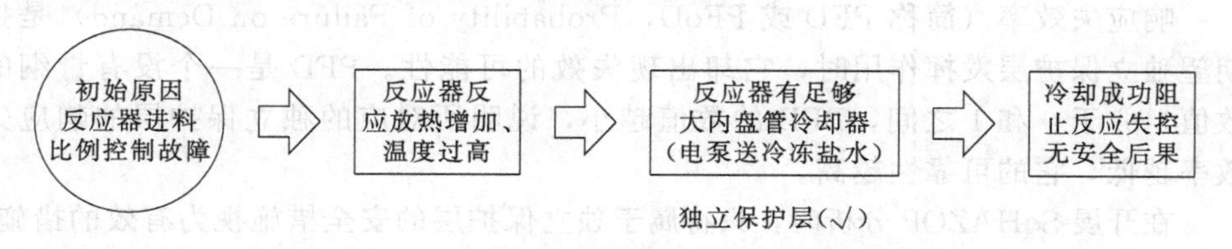

图 4-10　安全措施与初始原因无关的情形

再如，在图 4-11 所示的事故情景中，造成事故的原因是装置区停电，反应器因为停电失去了搅拌，物料不能充分混合，局部浓度过高，反应器内温度升高，可能导致反应失控。此时，我们期望反应器内的内盘管冷却器阻止温度升高和避免反应失控。但此期望会落空，因为冷冻盐水是电泵输送的，停电会导致该泵停转，因此，此处的内盘管冷却器不是针对此事故情景有效的安全措施（非独立保护层），因为它与装置停电这一初始原因相关联。

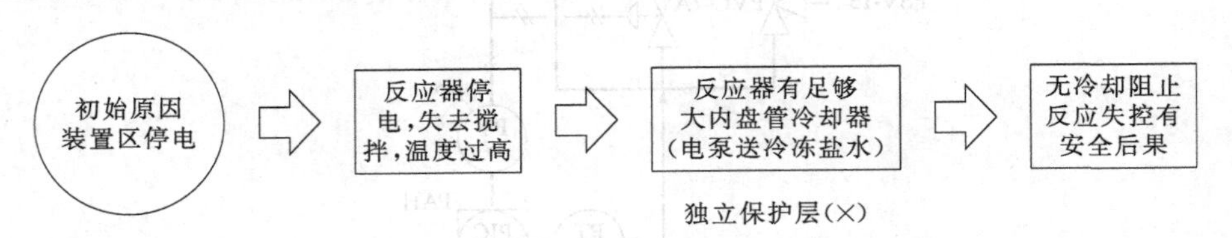

图 4-11　安全措施与初始原因关联的事故情形

以上对比也告诉我们，同一项安全措施，对于某些事故情景它是有效的，对于另一些事故情景则可能是无效的。

人员操作失误也是造成事故情景的一类初始原因，另一方面，及时的人员干预也可以是有效的安全措施。如果事故情景是由操作人员 A 的操作错误导致的，他本人的干预就不能再作为有效的安全措施，因为此干预与初始原因相关（是同一个人来完成）。今天他之所以操作出错，可能是因为他本人情绪异常、身体状况不佳或缺乏培训等因素造成的，因此不能再寄希望于他来解决问题。周围其他胜任的操作人员的响应，则可以作为有效的安全措施（独立保护层），但需要满足一定的条件，本章下文中有详细说明。

独立保护层应该与事故情景的其他独立保护层相互独立。

如图 4-12 所示，如果上游物料进入储罐 V-100 导致压力升高，开关阀 XV101 可以关闭切断进料防止超压；如果 XV101 故障未能关闭，我们希望开关阀 XV102 开启释放压力，以避免储罐超压。按照独立保护层的定义，此处的开关阀 XV102 开启不属于有效的安全措施，因为它与开关阀 XV101 所在的回路共享了压力开关 PS101，不满足“在同一种事故情景中，所采纳的独立保护层都应该相互独立”的这一原则。

四、独立保护层的响应失效率

响应失效率（简称 PFD 或 PFoD，Probability of Failure on Demand）是指期望独立保护层发挥作用时，它却出现失效的可能性。PFD 是一个没有量纲的数值，介于 0 和 1 之间，PFD 的数值越小，说明所对应的独立保护层的响应失效率越低，它的可靠性越高。

在开展 SqHAZOP 分析时，只将属于独立保护层的安全措施视为有效的措施。在分析过程中，需要对所有现有措施及建议项进行评估，明确它们在消除或减轻风

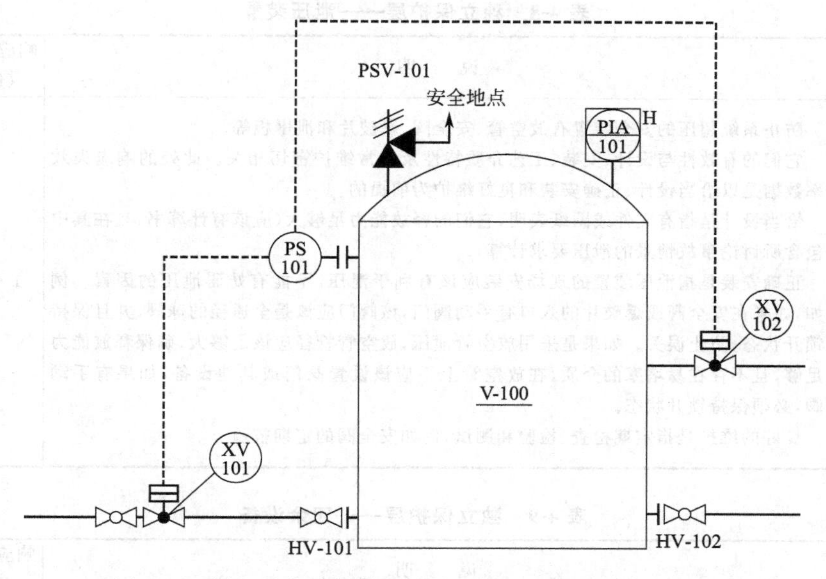

图 4-12　同一种事故情景中的独立保护层之间不能有关联

险方面的贡献，它们的贡献是通过各自的 PFD 数值来体现的。见表 4-6～表 4-15。

表 4-6　独立保护层——本质安全设计

独立保护层	说　明	响应失效率(PFD)
本质安全设计	是通过采用本质上更加安全的设计来降低事故情景的风险水平。例如，将设备的设计压力定得高于工艺过程可能达到的最高压力；为了防止满罐，在罐上设置没有阀门且尺寸足够大的溢流管；在间歇工艺流程中，采用限流孔板防止反应器进料过快等。 某些企业在开展 HAZOP 分析时，将本质安全设计作为消除事故情景的条件。例如，如果设备的设计压力高于工艺过程可能达到的最高压力，就认为该设备不存在超压的风险，不必再对此事故情景做分析和风险评估	1×10^{-2}

表 4-7　独立保护层——基本工艺控制

独立保护层	说　明	响应失效率(PFD)
基本工艺控制(BPCS)	BPCS 是指 DCS 或 PLC 的控制回路，如储罐的液位控制回路，当储罐液位达到设定值时，该回路中的开关阀自动关闭切断进料。 BPCS 控制回路的响应失效率是指整个回路的综合失效率。例如，在 HAZOP 分析时，储罐液位达到设定值时，希望开关阀自动关闭切断进料，但该开关阀可能出现故障，不能按要求完成动作。造成这种情况可能是开关阀本身的问题，也可能是此控制回路中其他组件出现了故障，如液位变送器出现了故障。在 HAZOP 分析时，不具体分析各个组件的失效率，而是将整个回路视为一个整体，采用综合失效率，即 1×10^{-1}	1×10^{-1}

表 4-8 独立保护层——泄压装置

独立保护层	说明	响应失效率(PFD)
泄压装置	防止系统超压的安全装置有放空管、安全阀、爆破片和泄爆板等。 它们的有效性与设计、安装、工艺介质特性及日常维护密切相关。此处的响应失效率数据是以恰当设计、正确安装和良好维护为前提的。 恰当设计是指有文件或图纸表明,它们的释放能力足够大(应该有计算书,且在其中包含所讨论事故情景的泄压要求计算)。 正确安装是指泄压装置的现场安装应该有利于泄压,不能有妨碍泄压的因素。例如,如果在安全阀或爆破片的入口有手动阀门,该阀门应该是全通径的球阀,并且保持锁开状态,防止误关。如果是采用放空管泄压,放空管管径应该足够大,确保释放能力足够,且不存在易堵塞的介质,在放空管上不应该设置阀门或其他设备,如果有手动阀,必须保持锁开状态。 良好的维护是指定期检查、检验和测试,例如安全阀的定期校验	1×10^{-2}

表 4-9 独立保护层——冗余设备

独立保护层	说明	响应失效率(PFD)
冗余设备	是指与当前在役设备或装置在规格和工艺功能上相同的设备或装置,它能自动启动,或者在要求的时间内可以由操作人员启动。 例如,在一台设备上有一个安全阀,响应失效率 PFD 是 1×10^{-2},如果再增加一个相同的安全阀,两个安全阀的总响应失效率不是按照乘法原则计算所得的 1×10^{-4}(按照乘法原则是 $1\times10^{-2}\times1\times10^{-2}=1\times10^{-4}$),而应该是 1×10^{-3},即 $1\times10^{-2}\times1\times10^{-1}=1\times10^{-3}$,其中第二个安全阀需按照冗余设备来对待。 又如,如果有两台泵,一用一备。如果操作人员可以在要求的时间内启动备用泵,备用泵就属于冗余设备,响应失效率 PFD 是 1×10^{-1}	1×10^{-1}

表 4-10 独立保护层——围堰

独立保护层	说明	响应失效率(PFD)
围堰	围堰的作用是在储罐溢流、破裂或泄漏时,及时收集泄漏出来的物料,避免造成严重后果(即大范围的流散)。 物料泄漏到围堰内,围堰收集泄漏物的响应失效率 PFD 是 1×10^{-2}	1×10^{-2}

表 4-11 独立保护层——地下排放系统

独立保护层	说明	响应失效率(PFD)
地下排放系统	避免储罐溢流、破裂或泄漏时可能造成的严重后果(即大范围的流散),其作用与围堰相当。 地下排放系统应该将物料排放至安全地点,且物料接收罐的容积要足够大	1×10^{-2}

表 4-12 独立保护层——防爆墙或掩体

独立保护层	说明	响应失效率(PFD)
防爆墙或掩体	限制爆炸能量、保护设备和建筑物等，避免爆炸发生时导致严重的后果。 防爆墙或掩体应该严格按照标准设计(有设计规格文件)，才能作为独立保护层	1×10^{-3}

表 4-13 独立保护层——阻火器或隔爆器

独立保护层	说明	响应失效率(PFD)
阻火器或隔爆器	阻火器 如果设计得当且正确安装与维护，可以防止回火至容器或储罐。 隔爆器 防止粉尘燃爆蔓延到管道相连的其他设备	1×10^{-2}

表 4-14 独立保护层——安全仪表系统（SIS）

独立保护层	说明	响应失效率(PFD)
SIL-1 联锁	安全完整性等级是 SIL-1 的安全仪表联锁回路	1×10^{-1}
SIL-2 联锁	安全完整性等级是 SIL-2 的安全仪表联锁回路	1×10^{-2}
SIL-3 联锁	安全完整性等级是 SIL-3 的安全仪表联锁回路。 备注：SIL-3 等级的联锁在设计和维护方面难度大，所以在风险评估中尽量不要采用	1×10^{-3}
SIL-4 联锁	安全完整性等级是 SIL-4 的安全仪表联锁回路。 备注：SIL-4 等级在标准 IEC-61508 和 IEC-61511 中虽然有相关的说明，但是它们的设计和维护难度非常大，在化工等行业中基本不采用	1×10^{-4}

表 4-15 独立保护层——人员干预

独立保护层	说明	响应失效率(PFD)
操作人员在 10min 内响应关键报警	有明确的书面文件说明该采取的响应行动，且操作人员有良好的培训	1×10^{-1}
操作人员在 40min 内响应 BPCS 报警	有明确的书面文件说明该采取的响应行动，且操作人员有良好的培训	1×10^{-1}

五、独立保护层的说明

1. 基本工艺控制（BPCS）

基本工艺控制（DCS 控制回路或 PLC 回路）是常见的安全措施，符合条件时可以是有效的独立保护层。

对于同一种事故情景，可以采纳几个 BPCS 的控制回路作为独立保护层，在行业中有两种不同的意见。

第一种意见认为，对于同一种事故情景，在同一控制系统中（如只有一个 DCS 系统或一个 PLC 系统），最多只能有一个 BPCS 控制回路作为独立保护层来降低风险。倘若事故的初始原因就是 BPCS 回路出现故障，其他的 BPCS 回路不能再作为降低风险的独立保护层。

第二种意见认为，对于同一种事故情景，在同一控制系统中（如只有一个

DCS 系统或一个 PLC 系统)，最多可以有两个 BPCS 控制回路作为独立保护层来降低风险，这两个 BPCS 的控制回路要相互独立，即传感器、执行机构和数模信号转换 I/O 卡均相互独立，仅共用控制系统的中央处理器（CPU)。

如图 4-13 所示，假设造成储罐内超压的初始原因是储罐的出口阀门 HV-102 被意外关闭。

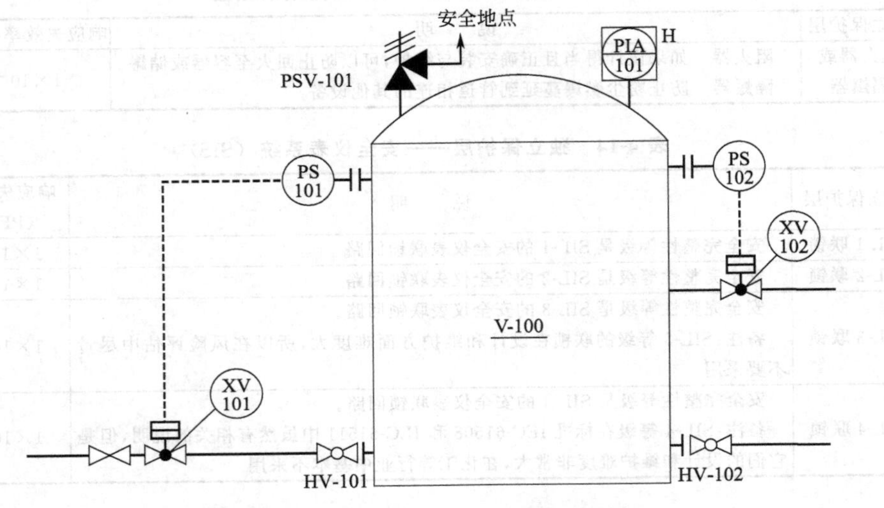

图 4-13　BPCS 回路作为独立保护层的情形

根据第一种意见，开关阀 XV101 所在的控制回路可以作为一个独立保护层(储罐压力高时，阀门 XV101 关闭，切断储罐进料)；但开关阀 XV102 开启释放压力的回路不能再作为降低风险的有效措施，因为它也属于 BPCS 类别的控制回路，在同一种事故情景中，BPCS 的保护措施只能使用一次。

根据第二种意见，开关阀 XV101 所在的控制回路与 XV102 开启释放压力的回路彼此相互独立，都可以作为降低风险的有效措施。在一种事故情景中，最多允许采用两个相互独立的 BPCS 控制回路。

又如图 4-14 所示，倘若造成储罐内超压的初始原因，是储罐的入口阀门 PV101 故障开大。

根据第一种意见，开关阀 XV101 所在的控制回路、开关阀 XV102 所在的回路都不可以作为有效的安全措施（独立保护层）来降低这种事故情景的风险，因为初始原因是 BPCS 回路故障。

根据第二种意见，在开关阀 XV101 所在的控制回路或者开关阀 XV102 所在的控制回路两者中，可以选择一个控制回路作为降低风险的有效措施（独立保护层)。在此事故情景中，只能有一个 BPCS 控制回路作为降低风险的措施，因为初始原因是 BPCS 回路故障（加在一起，相当于考虑了两次 BPCS 回路的作用)。

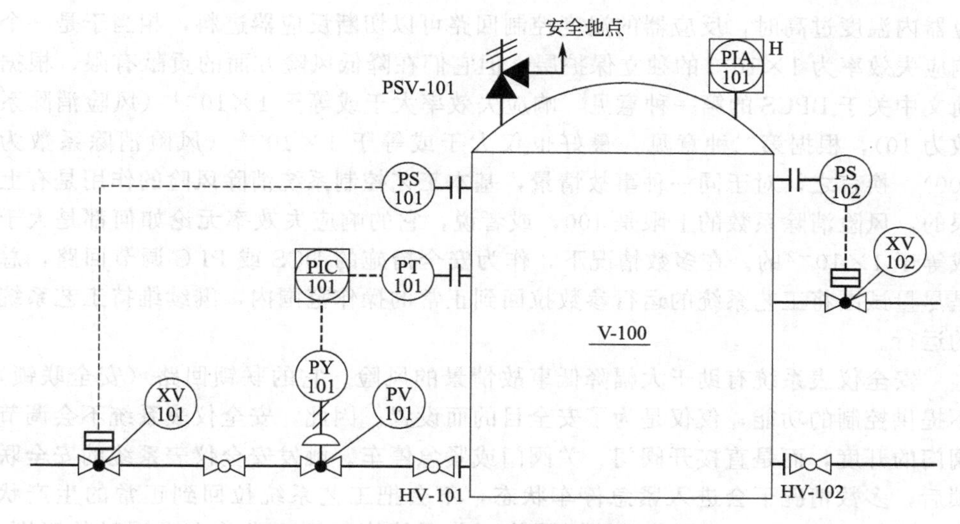

图 4-14　BPCS 回路故障引发的事故情景

在开展 HAZOP 分析工作之前，分析小组应该先就采用上述哪一种意见达成共识，必要时需要管理层确认或批准。相对而言，较多公司采纳上述第二种意见，主要的理由是：基本控制系统的中央处理器出现故障的可能性相对较小，故障率较高的地方是传感器、执行机构和数模信号转换 I/O 卡，如果两个回路中这三者是相互独立的，可以认为彼此之间没有交叉和关联（对于同一种事故情景，所采纳的独立保护层之间不能有交叉与关联）。

2. 安全仪表系统（SIS）

安全仪表系统是重要的安全装置。它是与基本工艺控制系统 BPCS 相互独立的系统（如图 4-15 所示）。它们仅仅是为了安全目的而设置。

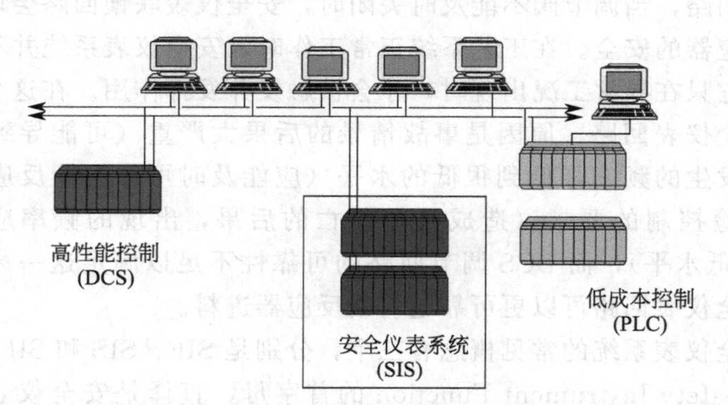

图 4-15　安全仪表系统与基本工艺控制系统的关系

基本工艺控制系统中的 DCS 和 PLC 回路都具有工艺控制的功能，例如通过增大流量调节阀的开度来增加流量。它们也可以作为有效的安全措施，例如当反应器内温度过高时，反应器的温度控制回路可以切断反应器进料，相当于是一个响应失效率为 1×10^{-1} 的独立保护层。但它们在降低风险方面的贡献有限，根据前文中关于 BPCS 的第一种意见，响应失效率大于或等于 1×10^{-1}（风险消除系数为 10），根据第二种意见，最好也仅大于或等于 1×10^{-2}（风险消除系数为 100）。换言之，对于同一种事故情景，基本工艺控制系统消除风险的作用是有上限的，风险消除系数的上限是 100，或者说，它的响应失效率无论如何都是大于或等于 1×10^{-2} 的。在多数情况下，作为安全措施的 DCS 或 PLC 调节回路，总是尽量试图将工艺系统的运行参数拉回到正常的操作范围内，继续维持工艺系统的运行。

安全仪表系统有助于大幅降低事故情景的风险。它的联锁回路（安全联锁）不提供控制的功能，仅仅是为了安全目的而设置。因此，安全仪表系统不会调节阀门的开度，而是直接开阀门、关阀门或紧急停车。触发安全仪表系统的安全联锁后，多数情况下会进入紧急停车状态，不会把工艺系统拉回到正常的生产状态，这与 DCS 及 PLC 调节回路试图将工艺系统恢复到正常状态有明显的区别。在工艺系统中，如果基本工艺控制系统与其他安全措施不足以将风险降低至可以接受的水平，此时，可以考虑采用安全仪表系统进一步降低风险，直至降到可以接受的风险水平。

如图 4-16 所示，在反应器内进行放热反应，反应器的进料由 DCS 系统的调节回路控制，当反应器内温度过高时，调节阀开度变小甚至关闭，以减小或中断进料。当异常情形出现时（反应器内温度过高），调节阀试图关闭来减小进料，但它存在一定的故障率（响应失效率为 1×10^{-1}），假如此阀门在需要关闭时正好出现了故障，物料就会持续进入反应器内，导致失控反应甚至严重的安全后果（如爆炸和人员伤亡等）。为了降低反应器温度失控的风险，增加了虚线框内的安全仪表联锁回路，当调节阀不能及时关闭时，安全仪表联锁回路会切断反应器进料，确保反应器的安全。在工艺系统正常工作时，安全仪表系统并不参与工艺相关的控制，它只在异常工况出现时，才会被触发并发挥作用。在这个例子中，之所以采用安全仪表回路，原因是事故情景的后果太严重（可能导致人员伤亡），需要将事故发生的频率降低到很低的水平（应能及时可靠切断反应器的进料），才能满足风险控制的要求（造成人员伤亡的后果，出现的频率应控制在 1×10^{-4}/a 或更低水平），而 DCS 调节回路的可靠性不足以满足这一风险控制的要求，增加安全仪表回路可以更可靠地切断反应器进料。

涉及安全仪表系统的常见概念有三个，分别是 SIF、SIS 和 SIL。

SIF 是 Safety Instrument Function 的首字母，直译是安全仪表功能。每一个安全仪表联锁回路的设置都是为了降低某一种或几种事故情景的风险，SIF 通常是指它们在降低风险过程中所发挥的作用。

SIS 是 Safety Instrument System 的首字母，即安全仪表系统。通常是安全

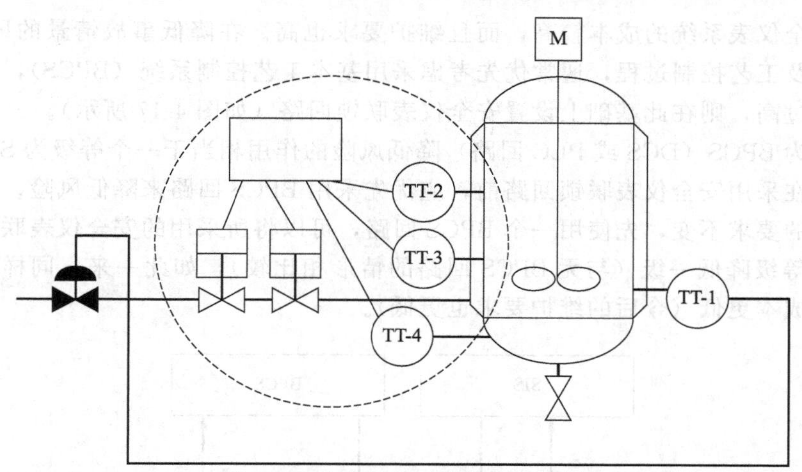

图 4-16　安全仪表系统的应用举例

仪表系统的总称，包括安全仪表系统的各组成部分，如联锁回路及其组件等。

SIL 是 Safety Integrity Level 的首字母，直译是安全完整性等级，它用来表达一种安全措施的可靠程度。在风险评估时，经常需要给安全仪表联锁回路确定可靠性等级，而且是采用 SIL 等级来衡量，因此，只要一提到 SIL 等级，人们就会惯性地联想到安全仪表回路。SIL 的确是常用于安全仪表系统的一个概念，但它的应用并不仅限于安全仪表系统。从广义上讲，这个概念可以用于所有的安全措施，例如安全阀的响应失效率 PFD 是 1×10^{-2}，也可以说它是一个等级为 SIL-2 的安全措施。

根据 IEC-61508 标准，安全仪表联锁回路分成四个不同的等级（如表 4-16 所示），即 SIL-1、SIL-2、SIL-3 和 SIL-4。

表 4-16　安全仪表的完整性等级

安全完整性等级(SIL)	响应失效率(PFD)	风险消除系数(RRF)	HAZOP 取值(PFD)
SIL-4	$\geqslant10^{-5}\sim<10^{-4}$	100000～10000	1×10^{-4}，不采用
SIL-3	$\geqslant10^{-4}\sim<10^{-3}$	10000～1000	1×10^{-3}，很少采用
SIL-2	$\geqslant10^{-3}\sim<10^{-2}$	1000～100	1×10^{-2}
SIL-1	$\geqslant10^{-2}\sim<10^{-1}$	100～10	1×10^{-1}

在化工和石化行业中，SIL-1 和 SIL-2 等级的安全仪表联锁回路较常用，较少采用等级为 SIL-3 及以上的联锁回路。有些公司的内部技术标准要求，如果风险评估得出结论，要求增加等级为 SIL-3 的安全仪表联锁回路，则应该检查设计本身是否需要改进，甚至重新进行设计，以避免采用 SIL-3 等级的回路，因为 SIL-3 等级的联锁回路实现难度较大、不经济，运行期间的维护要求也很高。在化工和石化行业中，没有人会真正采纳 SIL-4 等级的联锁回路，它仅在理论上存在，并不实用。

安全仪表系统的成本较高，而且维护要求也高。在降低事故情景的风险时，如果涉及工艺控制过程，通常优先考虑采用基本工艺控制系统（BPCS），如果风险还是过高，则在此基础上设置安全仪表联锁回路（如图 4-17 所示）。

因为 BPCS（DCS 或 PLC 回路）降低风险的作用相当于一个等级为 SIL-1 的回路，在采用安全仪表联锁回路前，应优先采用 BPCS 回路来降低风险。如果风险控制的要求不变，先使用一个 BPCS 回路，可以将所采用的安全仪表联锁回路的 SIL 等级降低一级（与无 BPCS 回路的情形相比较），如此一来，同样能控制风险但成本更低（今后的维护要求也更低）。

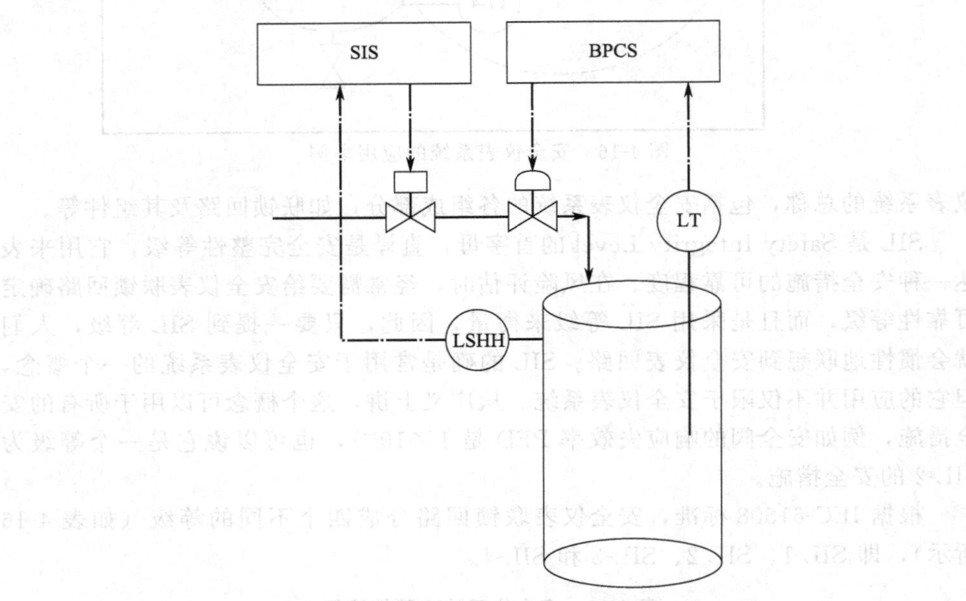

图 4-17　安全仪表回路与 BPCS 回路配合使用

安全仪表系统包括若干联锁回路，不同联锁回路的完整性等级（SIL 等级）可能存在差异，完整性等级用于说明这些联锁回路的可靠性。安全仪表的完整性等级是指某个联锁回路的等级，不是指整个安全仪表系统的等级。对于整个安全仪表系统，没有所谓的等级可言。如图 4-18 所示，安全仪表系统中包括若干个联锁回路，其中联锁回路 1 的完整性等级是 SIL-2，联锁回路 2 的完整性等级是 SIL-1，联锁回路 3 的完整性等级是 SIL-1。

如图 4-19 所示，设置安全仪表系统包括五个步骤：①危害识别；②风险评估与 SIL 定级；③SIS 设计；④SIL 验证；⑤服役。

在开展 SqHAZOP 分析时，就可以完成前面两个步骤。然后由仪表或自控专业人员完成安全仪表系统（即 SIS）的设计，包括各个联锁回路的详细规格设计。设计好以后，需要开展 SIL 验证，目的是确保所设计的联锁回路达到风险

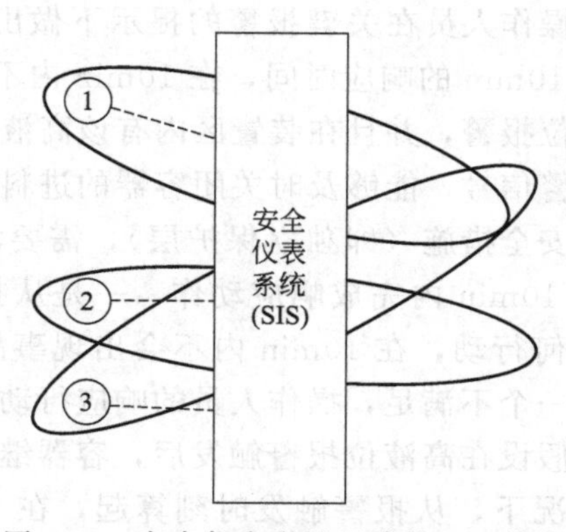

图 4-18　安全仪表联锁回路的 SIL 等级

评估时所确定的 SIL 等级。完成安装后服役，在服役期间，需要日常维护，通常将安全仪表系统的各个联锁回路纳入企业的关键设备仪表清单，以确保定期预防性维护，这属于过程安全管理系统中机械完整性要素的重要任务。

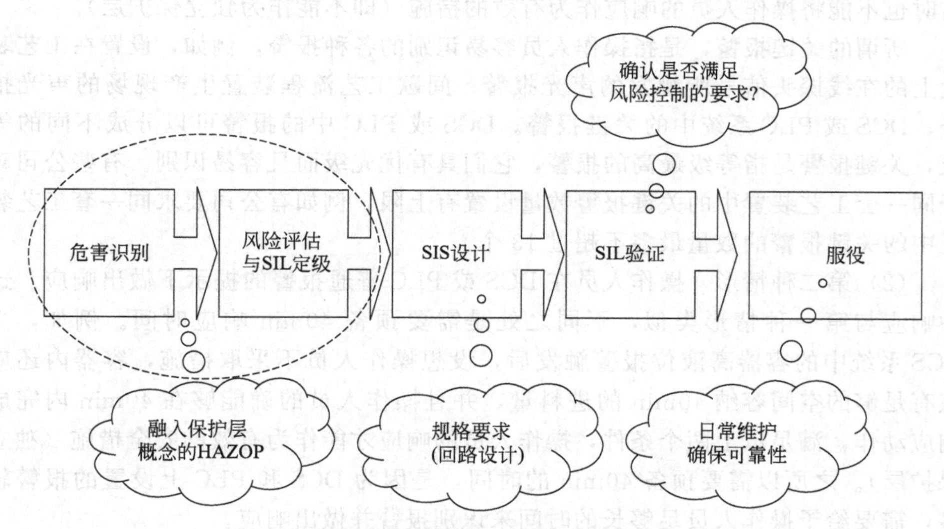

图 4-19　设置安全仪表系统的过程

3. 人员干预

训练有素的操作人员有助于降低装置运行的风险，人员干预也可以是预防事故的有效安全措施。但对于同一种事故情景，人员干预的作用是有限的，原则上，操作人员干预所贡献的风险消除系数不超过 10（即响应失效率 PFD 不小于 1×10^{-1}）。

操作人员的干预包括两种情形。第一种情形是在关键报警的提示下做出响应，第二种情形是在 DCS 或 PLC 普通报警提示下采取响应行动。

（1）第一种情形　操作人员在关键报警的提示下做出响应。对于关键报警，必须至少给予操作人员10min的响应时间，在10min内不出现事故情景的后果。

例如，容器有高液位报警，并且在装置区内有该高液位报警的声光信号，操作人员根据接收到的报警信号，能够及时关闭容器的进料阀门。操作人员的这一响应行动要成为有效的安全措施（即独立保护层），需要满足两个基本条件，一是操作人员的确能够在10min内完成响应动作，一是从报警触发时刻算起，假设操作人员没有采取任何行动，在10min内不会出现事故情景中的后果。上述两个基本条件中，任何一个不满足，操作人员的响应行动就不能作为有效的安全措施。在上述例子中，假设在高液位报警触发后，容器继续接收物料，在操作人员不采取干预行动的情况下，从报警触发时刻算起，在10min内不会出现容器满罐或溢流，而且，操作人员的确可以在10min内完成所要求的响应动作（如关闭容器的进料阀门），那么此处的人员响应就是有效的安全措施。反之，如果在报警触发时，容器内的剩余空间不足以容纳10min的后续进料量（在10min内就会出现满罐或溢流），即使操作人员能在10min内完成响应动作，在风险评估时也不能将操作人员的响应作为有效的措施（即不能作为独立保护层）。

所谓的关键报警，是指操作人员容易识别的各种报警，例如，设置在工艺装置上的在线探头信号所触发的声光报警；间歇工艺流程装置生产现场的声光报警；DCS或PLC系统中的关键报警。DCS或PLC中的报警可以分成不同的等级，关键报警是指等级最高的报警，它们具有优先级而且容易识别。有些公司对于同一套工艺装置中的关键报警数量设置有上限，例如有公司要求同一套工艺装置中的关键报警的数量最多不超过13个。

（2）第二种情形　操作人员在DCS或PLC普通报警的提示下做出响应。这种响应与第一种情形类似，不同之处是需要预备40min响应时间。例如，当DCS系统中的容器高液位报警触发后，设想操作人员不采取措施，容器内还应该有足够的空间容纳40min的进料量，并且操作人员的确能够在40min内完成响应动作，满足以上两个条件，操作人员的响应才能作为有效的安全措施（独立保护层）。之所以需要预备40min的时间，是因为DCS和PLC上设置的报警较多，需要给予操作人员足够长的时间来识别报警并做出响应。

人员干预措施包括两个组成部分，一是报警，一是响应。报警本身不是有效的安全措施，必须有与之配合的有效的人员响应动作，才能共同构成有效的安全措施。在开展HAZOP分析时，如果试图将某个关键工艺参数的报警作为一个有效的安全措施来对待，应该充分讨论并清楚地回答以下问题：这个报警是否能有效接收（操作人员是否能接收到此报警并是否容易识别）？操作人员收到报警后应该做什么及能否做得到（需要完成的响应操作）？所要求的响应能否在要求的时间内完成？当报警触发后，在规定的时间内（关键报警10min、BPCS普通报警40min）事故情景的后果会不会出现？应急操作的要求是否已经（或将会）

写入操作程序文件中？操作人员是否已经（或将会）接受相关的培训？只有妥善回答了上述这些问题，才能确认人员干预是否是有效的安全措施，否则，当事故情景真实出现时，预期的人员干预可能是一个“伪安全措施”。在本章开篇的反应器爆炸事故中，反应器当时并不缺少温度和压力报警，但操作人员在接到报警后什么也做不了，期望的人员干预并不如设想般真实存在和有效。

在本章 HAZOP 分析举例中，在调节阀 PV202 故障关闭导致分离罐 V-202 超压的事故情景中，调节阀 PV202 有旁路，操作人员可以开启旁路上的阀门 HV-202 为分离罐 V-202 泄压，但是，这不是有效的措施。根据本节的讨论，一方面，缺少足够的指示或报警帮助操作人员了解到分离罐内已经超压了，另一方面，即使操作人员能及时发现分离罐内超压的情况，在 10min 内，分离罐已然超压了。此处调节阀 PV202 的旁路是用于有准备的切换，在事故状态下，它对避免分离罐超压几乎没有帮助。类似地，操作人员通过该分离罐的就地压力表 PG-202 查看罐内压力，并采取应急操作，也不是避免分离罐超压的有效的措施。

4. 不属于独立保护层的安全措施

通常，下列安全措施都不能作为独立保护层参与 SqHAZOP 分析的风险评估。

（1）培训（包括持证的培训）　培训对于安全生产的意义不言而喻！那么，为什么不把培训作为独立保护层呢？在开展 SqHAZOP 分析时，对于初始原因是人员操作失误的事故情景，在确定初始原因的频率数据时，该数据是基于“操作人员有良好的培训”这一前提的，换言之，培训的贡献已经考虑过了，如果再将培训作为独立保护层，就会出现重复计算其贡献的情形，因此，培训不能再作为独立保护层，避免重复计算其降低风险的作用。

（2）操作程序和维修程序　除了检查表格式的操作程序和维修程序外，其他的操作程序和维修程序不能作为独立保护层。所有的独立保护层，其可靠性必须大于或等于 90%（响应失效率小于或等于 10%），操作程序和维修程序虽然有贡献，但不符合可靠性大于 90%这一要求（检查表格式的程序除外）。

（3）日常检验和测试　日常检验和测试是为了确保设备和仪表的机械完整性。在 SqHAZOP 分析中，初始原因是设备或仪表故障时，所取的 F0 数据中已经考虑了设备的日常检验和测试的贡献，因此不能再重复计算其贡献。

（4）维护和维修　与日常检验和测试类似，不能再重复计算其贡献。因此，不作为独立保护层。

（5）标志和标识　标志和标识有助于指导或提醒操作人员正确完成操作，但其可靠性不足 90%，因此不作为独立保护层。

（6）消防和应急反应系统　这是事故已经发生后的补救措施，不能作为独立保护层。在开展风险分析时，根据实际情况，可以将其作用反映在后果的减缓方面。

在开展 SqHAZOP 分析时，以上这些不属于独立保护层的安全措施，虽然没有纳入风险评估（只有独立保护层才作为降低风险的有效措施参与风险评估），但客观上它们或多或少都能发挥一些作用，例如标志标识对预防事故有积极的作用。这些作用在评估过程中被我们忽略了。由此可见，SqHAZOP 是一种系统性偏保守的分析方法（在这一点上与保护层分析方法相同），如果我们确认某一种事故情景的风险等级不超过可以接受的风险水平，那么在落实相关的建议项后，它的风险就会确确实实获得有效的控制。

第九节　半量化风险评估

在 SqHAZOP 分析中，进行风险评估时，需要对造成事故后果的可能性做简单计算。这个计算过程本身很简单，但却体现了事故情景发展过程的内在逻辑性。

SqHAZOP 的分析表格如图 4-20 所示。表格中的原始风险等级 Ri 系根据 Si 和 Li 从风险矩阵表中查得。类似地，考虑了现有措施的风险等级 *R* 系根据 *S* 和 *L* 从风险矩阵表中查得，残余风险等级 Rr 系根据 Sr 和 Lr 从风险矩阵表中查得。

编号	参数+引导词	偏离描述	原因	F0	后果	Si	Li	Ri	现有措施	Fs	*S*	*L*	*R*	建议项编号	建议项	Fr	Sr	Lr	Rr

图 4-20　融入保护层概念的 HAZOP 分析工作表

风险评估中频率相关的计算涉及以下几栏：F0、Li、Fs、*L*、Fr 和 Lr。它们之间的计算方法如图 4-21～图 4-23 所示。

图 4-21 所示是事故情景的原始频率 Li 的计算。Li 是由初始原因和促成条件的数据所决定的，它是 F0 一栏中各个数相乘的积。为了计算方便，可以使用指数来表达（如 1×10^{-1} 就填写数字 1），填写在表格中就都是整数，运算过程就要从乘法改成加法。两种表述方式本质上没有区别。本书中统一采用指数方式，以便于理解。

在图 4-21 中，$Li=(1\times10^{-1})\times(1\times10^{0})\times(1\times10^{-1})=1\times10^{-2}$。

图 4-22 所示是出现事故情景后果 *S* 的频率 *L* 的计算方法。频率 *L* 是由原始频率 Li 和各项现有措施的响应失效率 Fs 所决定的，它由 Li 乘以 Fs 栏中各数据的积得出。从计算过程可以看出，频率 *L* 已经考虑了各项现有措施的贡献。

在图 4-22 中，$L=(1\times10^{-2})\times(1\times10^{-1})\times(1\times10^{-1})=1\times10^{-4}$。

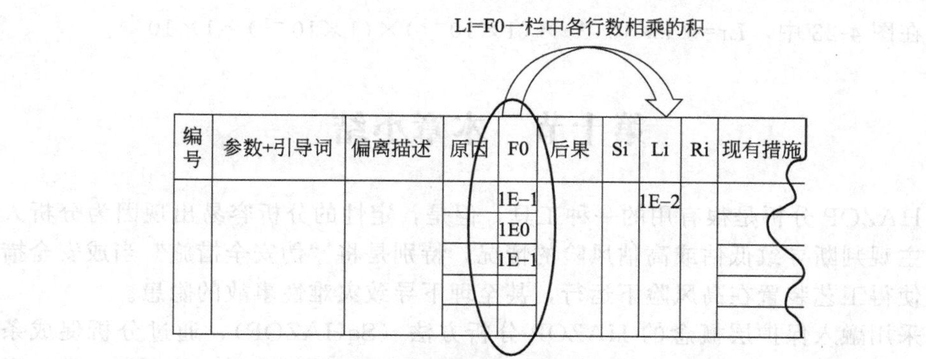

图 4-21　事故情景的原始频率 Li 的计算方法

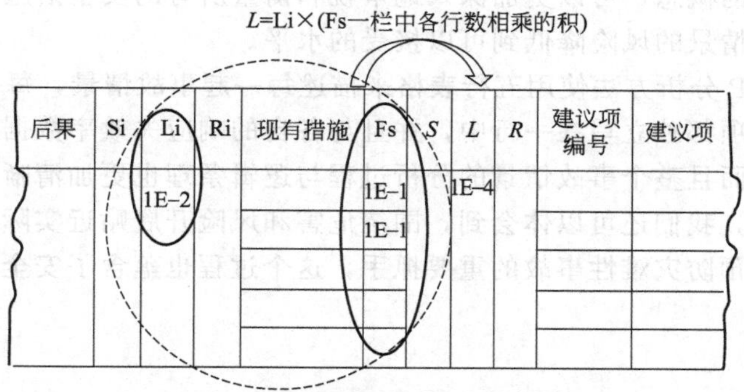

图 4-22　事故情景当前频率 L 的计算方法

图 4-23 所示是事故情景的残余频率 Lr 的计算方法。可能性 Lr 是由当前可能性 L 和各建议项的响应失效率 Fr 所决定的，它由 L 乘以 Fr 栏中各数据的积得出。从计算过程可以看出，残余可能性 Lr 已经考虑了所有措施（包括现有措施和建议项）的贡献。

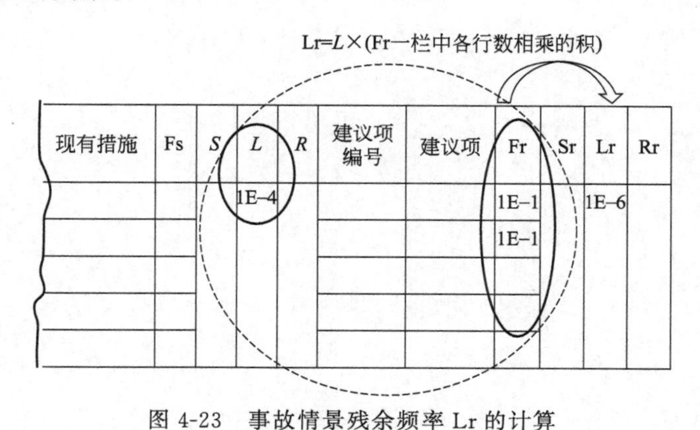

图 4-23　事故情景残余频率 Lr 的计算

在图 4-23 中，$Lr=(1\times10^{-4})\times(1\times10^{-1})\times(1\times10^{-1})=1\times10^{-6}$。

第十节　本章小结

HAZOP 分析是很有用的一种工具，但是，定性的分析容易出现因为分析人员的主观判断导致低估或高估风险的情况，特别是将“伪安全措施”当成安全措施，使得工艺装置在高风险下运行，甚至埋下导致灾难性事故的隐患。

采用融入保护层概念的 HAZOP 分析方法（SqHAZOP），通过分析促成条件，对事故情景进行修正，使得事故情景的分析更加贴近实际。特别地，通过引入独立保护层的概念，可以更加深入地审视和衡量所有的安全措施，从而有足够的把握把事故情景的风险降低到可以接受的水平。

SqHAZOP 分析方法使用五行表格来描述每一起事故情景，每一条现有措施和每一条建议项都独立写在一行中，并且与各自的响应失效率数据一一对应，不但便于阅读，而且整个事故情景的分析过程与逻辑条理也更加清晰。

通过本章，我们还可以体会到，围绕危害和风险开展贴近实际的一丝不苟的分析，是我们预防灾难性事故的重要抓手，这个过程也蕴含了安全工作本身应有的严谨性。

第五章　间歇工艺流程的 HAZOP 分析

间歇工艺流程与连续工艺流程的 HAZOP 分析在本质上没有什么不同。但间歇工艺流程的操作过程是由一系列操作步骤所构成的，工艺状态总是随时间而改变。间歇工艺流程的工况随时间变化的特殊性，增加了 HAZOP 分析时识别异常工况的难度。

间歇工艺流程 HAZOP 分析需要考虑时间因素的影响，先将间歇工艺流程分成若干操作步骤，然后对各个步骤开展分析，这样较符合间歇工艺流程的内在规律，可以明显提高分析质量和分析工作的效率。这也是间歇流程 HAZOP 分析与连续流程分析之间的主要区别。

第一节　引　　子

间歇工艺流程广泛应用于精细化工行业，例如原料药制备、染料和农药中间体生产等。与大型化工及石化装置等连续工艺流程相比较，间歇工艺流程具有以下主要特征：

• 工艺装置处理的化学品数量相对较少，但种类繁多，危害因素复杂。例如，广泛使用甲苯、醇类和醚类化学品作为溶剂，工艺过程涉及的中间产品或产品通常有毒性或生物活性危害。

• 利用一条生产线生产多种产品的情形较普遍（多功能工艺装置），工艺装置需要频繁变更来满足不同产品的生产需要。变更过程中可能带来新的危害。

• 工艺装置的自动化水平相对较低，相当多的装置甚至没有应用自动控制技术，主要依赖操作人员完成操作。操作人员的知识和经验对生产安全影响较大。

• 工艺过程包括若干操作步骤，这些操作步骤有较严格的执行顺序要求。某个操作步骤缺失或顺序颠倒，可能带来安全隐患。

• 为了操作方便，或受工艺本身的限制，或因投资成本过高，所选择的操作方式不尽合理，使得化学品的蒸气有更多机会接触空气，或进入操作区域的大气中。例如，开启反应器人孔，敞口往反应器内投料过程中，空气会从开启的人孔进入反应器，与其中的易燃溶剂蒸气混合形成爆炸性混合物；有毒蒸气从人孔进入大气，会造成操作人员暴露伤害（健康影响），也会导致环境影响，如腐蚀性介质或恶臭的介质从人孔进入操作点周围的环境中。

在开展 HAZOP 分析时，我们试图找出工艺系统中偏离设计意图的各种工况，例如，液位过高是偏离设计意图的一种异常工况，它是相对于设备或容器内的正常液位而言的，分析人员的心目中有一个衡量的标准，它是设计意图所期望的某个液位高度。但是，在间歇工艺流程中，设备或容器中的液位随着时间推移总在不断变化，如此一来，分析过程就变得非常复杂。以间歇反应器为例，在往反应器内进料前，反应器内没有物料，也就没有液位；往反应器进料期间，反应器内液位会持续增加；在反应期间，反应器内液位基本保持不变；在出料阶段，反应器内的液位持续下降直到没有液位或停在某个预设的液位处。对于整个反应阶段，没有一个固定的液位值可以作为衡量工况异常的依据。

为了解决间歇工艺流程的工况随时间变化这一特点，可以将间歇工艺过程拆分成一个个操作步骤（每个操作步骤完成一定的工艺功能），然后对各个步骤进行分析。这样可以化繁为简，降低 HAZOP 分析时识别异常工况的难度。

第二节　间歇工艺流程的 HAZOP 分析

一、间歇工艺流程 HAZOP 分析方法的特点

鉴于间歇工艺流程的工艺状态随着时间而改变的特点，在开展 HAZOP 分析时，先将间歇工艺流程分解成若干主要操作步骤，每一个分解出来的操作步骤相当于一个连续工艺流程的片段。然后对每一个步骤进行危害分析，每个步骤的分析方法与连续工艺流程的分析方法是一样的。

以间歇反应器为例，先将它分成进料、反应、出料等步骤。对于每一个步骤，采用全部引导词做一遍分析。

间歇工艺流程的另一个特点是包含若干步骤，这些步骤的执行顺序发生变化可能给安全和生产带来影响，这是连续工艺流程通常不需要关心的问题（开停车操作除外）。因此，在间歇工艺流程的 HAZOP 分析中，需要对操作步骤执行的先后顺序做分析。对于每一个操作步骤，需要问几个问题：这个步骤遗漏会怎么样？这个步骤执行得过早或过晚会怎么样？也就是说，除了连续工艺流程常用的引导词以外，还需要应用“步骤遗漏”“执行过早”和“执行过晚”等广义引导词来做分析。

二、间歇工艺流程 HAZOP 分析的说明

间歇工艺流程的 HAZOP 分析与连续工艺流程的做法基本类似，在个别环节存在一些特殊性。

1. 确定任务和工作范围

这个环节与连续工艺流程的 HAZOP 分析基本相同。

2. 组建 HAZOP 分析小组

这个环节与连续工艺流程的 HAZOP 分析基本相同。间歇工艺流程的操作比较依赖操作人员，因此，在开展 HAZOP 分析时，分析小组中宜有熟悉现场操作的人员。例如，可以邀请操作班长或资深操作工参与 HAZOP 分析。

间歇工艺流程广泛应用在精细化工领域，涉及各种复杂的反应和不同危害的化学品，在分析小组中，应尽可能包括工艺研发人员，他们往往对于工艺过程有更加专业的理解和认知，他们的参与有助于分析小组深入理解工艺过程及危害，确保 HAZOP 分析的质量。

3. 准备分析所需要的图纸和文件资料

与连续工艺流程相比较，间歇工艺流程中通常涉及较多种类的化学品，在操作过程中，操作人员有更多机会接触到各类化学品（包括粉状物料）。在开展 HAZOP 分析之前，需要尽量收集这些化学品的安全与健康相关资料，包括它们的毒理数据。对于可燃粉尘物料，还至少需要了解它们的最小引火能数据（即 MIE，Minimum Ignition Energy），这是识别粉尘爆炸危害和提出工程解决方案的基础。工艺过程中还会涉及各种中间产品，有时很难找到它们的物性数据，但是也应该尽量获取它们的关键物性资料，让 HAZOP 分析建立在科学依据的基础上。

间歇工艺流程的分析是逐个操作步骤开展分析，在应用引导词开始分析之前，需要先列出各个操作步骤。最好由熟悉工艺操作的工程师在分析讨论会之前，编辑好操作步骤，形成电子版本，在分析讨论会上就只需要花较少时间对它们进行讨论和梳理，以节约会议时间（如果在讨论会期间临时讨论和记录下这些操作步骤，会浪费很多时间）。

4. 会议安排

这个环节与连续工艺流程的 HAZOP 分析基本相同。

5. 分析讨论会（面对面 HAZOP 分析会议）

HAZOP 分析是很耗费时间的一项工作，间歇工艺流程的 HAZOP 分析尤甚。因为需要对各个步骤展开分析，每一个步骤基本上相当于连续工艺流程中一个节点。如果间歇工艺流程的操作本身很复杂，或涉及危害大的化学品，则需要准备更充足的时间。

开展间歇工艺流程 HAZOP 分析时，划分节点相对较简单。通常可以将一

个工艺单元划分成一个节点，然后在各个节点内逐个步骤开展分析。例如，可以将反应过程划分成一个节点，离心分离、结晶、精馏、干燥等都可以分别作为一个节点。

间歇工艺流程的 HAZOP 分析也需要借助风险矩阵来判断现有措施下的风险等级，并据此决定是否需要新增安全措施，具体做法与连续流程的融入保护层概念的 HAZOP 分析方法完全一样。

6. 编制分析报告

这个环节与连续工艺流程的 HAZOP 分析基本相同。值得一提的是，间歇工艺流程 HAZOP 分析过程中可能涉及较多工艺技术机密，包括相关的配方、操作参数和操作步骤，在编制分析报告时，应该考虑技术保密的要求。例如，对于技术机密敏感的化学品，可以使用代码；对于机密操作条件，应该模糊处理，避免将具体的工艺条件数据书写在报告中。例如，倘若某种物料的数量属于敏感信息，在书写讨论记录时，可以用“若干千克”代替具体的数值。

7. 报告提交与分发

这个环节与连续工艺流程的 HAZOP 分析基本相同。

8. 跟踪落实 HAZOP 分析所提出的建议项

这个环节与连续工艺流程的 HAZOP 分析基本相同。

第三节　间歇工艺流程的 HAZOP 分析举例

在图 5-1 所示的间歇工艺流程中（虚构流程），包括反应器 R201［容积 15m^3、设计压力 0.4MPa(G)，本体为不锈钢材质，内衬搪瓷］、高位槽 V101、反应器进料泵 P201A 与 P201B 等。

操作过程及说明如下：

（1）用纯净水清洗反应器 R201，并用氮气置换其中的氧气。说明：要求在氮气置换后，反应器内的残余氧气含量不超过 5%（体积分数）。

（2）用泵 P201A 从罐区储罐往反应器 R201 转移 8600kg 甲苯。说明：约 10m^3，作为反应溶剂。

（3）利用隔膜泵将 3 桶液体原料 A 转移至高位槽 V101 中。说明：原料 A 易燃但低毒，不忌水，有一定腐蚀性，可以采用不锈钢 SS304L 避免腐蚀。

（4）往反应器内加入 20kg 固体物料 B。说明：固体物料 B 的 8h 时间加权暴露平均值 TWA 是 10mg/m^3，没有粉尘爆炸危害，不与水反应；加料时搅拌。

（5）控制原料 A 的进料流速，往反应器 R201 内加入原料 A，进行反应并取样。说明：原料 A 共约 600L，加料时间为 6h。物料 A 与 B 在反应器内反应，反应过程大量放热，足以导致反应器 R201 超压；反应过程不产生气体；经夹套内的冷却水冷却，保持反应器内温度不超过 65℃。反应器内有内盘管冷却器，内有冷冻盐水，有足够的冷却能力避免反应失控。

（6）用泵 P201B 从反应器 R201 内将物料转移至下游工艺单元的容器。

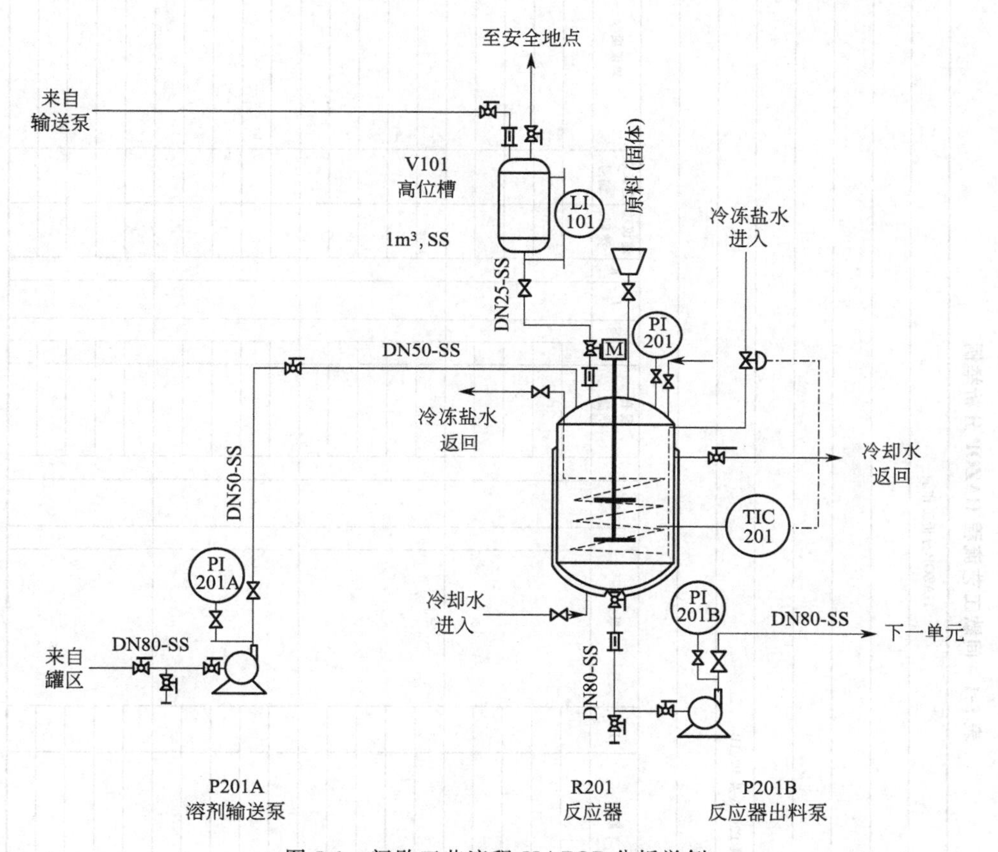

图 5-1　间歇工艺流程 HAZOP 分析举例

对以上间歇工艺流程开展 HAZOP 分析时，可以将这个反应过程作为一个节点。在这个节点中，分成以上 6 个步骤，对各个步骤分别做详细分析。在企业的实际生产中，通常采用批记录来规范操作过程，批记录中包含很多操作步骤及其细节，操作步骤的数量远远超过了上述 6 个步骤。HAZOP 分析中所谓的“操作步骤”并不同于企业批记录中定义的操作步骤。在 HAZOP 分析过程中划分操作步骤时，通常以某个阶段为一个步骤，每个步骤结束时该阶段的任务完成。

表 5-1 是上述间歇工艺流程的 HAZOP 分析举例。限于篇幅，仅详细列出步骤 5 中流量参数相关的分析。

表 5-1 间歇工艺流程 HAZOP 分析举例

HAZOP 分析工作表

项目名称	XXX 反应系统
评估日期	2016-12-18
节点编号	3
节点名称	反应器 R201
节点描述	反应器 R201、高位槽 V101 及反应器进出料泵 P201A 及 P201B
设计意图	在反应器 R201 中完成原料 A 与原料 B 的反应
图纸编号	PID-100-023，Rev. 1

编号	操作步骤	参数＋引导词	偏离描述	原因	F0	后果	Si	Li	Ri	现有措施	Fs	S	L	R	建议项类别	建议项编号	建议项	Fr	Sr	Lr	Rr
3-1	步骤-1：用纯净水清洗反应器 R201，并用氮气置换其中的氧气	略	略																		
…	步骤-2：用泵 P201A 从罐区储罐往反应器 R201 转移 8600kg 甲苯	略	略																		
…	步骤-3：利用隔膜泵将 3 桶液体原料 A 转移至高位槽 V101 中	略	略																		
…	步骤-4：往反应器内加入 20kg 固体物料 B	略	略																		

续表

编号	操作步骤	参数+引导词	偏离描述	原因	F0	后果	Si	Li	Ri	现有措施	Fs	S	L	R	建议项类别	建议项编号	建议项	Fr	Sr	Lr	Rr
3-11	步骤-5：控制原料A的进料流速，往反应器R201内加入原料A，进行反应并取样	流量过大	从高位槽V101往反应器R201的原料A进料速度过快	高位槽V101至反应器R201的进料阀门开度过大（操作失误）	1E-1	原料A从高位槽V101快速进入反应器R201，在短时间内迅速反应产生大量的热，反应器内温度升高，压力随之升高甚至超压，易燃的甲苯蒸气从反应器泄漏至车间内，在车间内形成爆炸性混合物（蒸气云），遇到引火源，发生爆炸，导致1～2人伤亡	4	1E−1	B	反应器夹套冷却$Fs=1E0$，因为夹套冷却能力有限，不能阻止反应失控	1E0	4	1E−2	B	安全	3-6	在高位槽V101至反应器R201的进料管道上增加一个开关阀，当反应器R201内温度超过设定值时，自动关闭该阀门以切断反应器的进料	1E−1	4	1E−5	E
				引火源（大量泄漏时总是存在引火源）	1E0					反应器内有内盘管冷却器（TIC201），冷却能力足够大，足以阻止反应失控	1E−1				安全	3-7	在反应器R201上增加一个爆破片并释放至安全地点（编制计算书，确认爆破片的释放能力足够，应能满足原料A进料过快导致反应失控时的泄压要求）	1E−2			
				操作人员在现场（操作人员总是在车间内）	1E0																
3-12	步骤-5：控制原料A的进料流速，往反应器R201内加入原料A，进行反应并取样	错流向	冷冻盐水从反应器R201的内盘管漏入反应器内	内盘管机械故障（断裂或穿孔）	1E-2	影响质量，会导致物料损失，没有明显的安全后果															
3-13	步骤-5：控制原料A的进料流速，往反应器R201内加入原料A，进行反应并取样	错流向	冷却水从反应器R201的夹套内壁漏入反应器内	反应器R201的夹套内壁穿孔	1E-2	影响质量，会导致物料损失，没有明显的安全后果															
…	略	略	略																		

第四节　本章小结

间歇工艺流程的HAZOP分析与连续工艺流程的分析方法大致相同。间歇工艺流程的工况随时间不断改变，增加了分析过程的复杂性。将各个单元的主要操作步骤列出来，分步骤展开讨论，可以减少“工况随时间而变化”给分析工作带来的影响，化繁为简，提高过程危害分析的质量和效率。

间歇工艺流程中的反应较复杂，还往往涉及种类繁多、危害较大的化学品，因此，在分析小组中应该包括熟悉工艺过程的工艺人员或研发人员，并且宜邀请生产班长或一线资深操作人员参与HAZOP分析。

与连续工艺流程相比较，间歇工艺流程的HAZOP分析通常需要更多的时间。充分的准备可以提高分析工作的效率，宜在分析讨论会议召开前，事先准备好主要化学品的资料及汇编好主要的操作步骤。

此外，在间歇工艺流程的分析过程中，会深入讨论操作步骤及主要工况，甚至涉及工艺技术机密，在记录讨论内容和编制分析报告时，要防止泄漏技术机密。

第六章 组织领导 HAZOP 分析

对于涉及危险化学品的工艺系统或装置，过程危害分析是控制安全风险的一项重要任务。HAZOP 分析工作是过程危害分析的重要组成部分。领导管理好 HAZOP 分析工作是落实过程危害分析的关键所在。

HAZOP 分析工作的成败不完全取决于分析团队的技术水平，组织落实过程对于其成败也起着非常重要的作用。从深层次上讲，它是由企业的安全文化所决定的；HAZOP 分析过程也是对企业安全文化的一次具体解读。

第一节 引 子

HAZOP 分析是一组人采用系统分析的方法、对工艺系统中的事故情景完成识别、评估和降低风险的工作过程。HAZOP 分析的主要工作方式是开会讨论（会议时间约占整个工作时间的八成以上），它是一个朴素的沟通交流和技术应用过程！HAZOP 分析的讨论会议与其他技术会议在本质上没有区别。

一般的技术讨论会议可能持续几小时或几天，根据需要，中途可以随时休会以落实会议提出的行动项，然后根据需要可以再次召集会议。相反，HAZOP 分析的会议往往持续时间长、过程枯燥，它有时持续几天，有时持续数月，中途虽可以休会，但多数情况下是一气呵成，直至完成本阶段的分析任务。这一点给 HAZOP 分析小组带来了不同于普通技术会议的挑战。

影响 HAZOP 分析工作质量的因素较复杂，胜任的分析小组是确保高质量按期完成分析任务的重要前提。分析小组中应有各必需专业的合格代表。分析小组组长对于分析工作的过程及成果有明显的影响。

分析讨论会议是 HAZOP 分析过程的主体。充分的准备工作可以提高分析讨论会议的效率。在分析讨论会议中，应该鼓励分析小组成员积极提问和参与讨论。

在有些企业，虽然也开展 HAZOP 分析这项工作，但获益甚微。一个主要原因是管理层对这项工作缺乏认知，落实这项工作的人员及职责不清晰。职责不清晰是很多事情做不好的根源之一，HAZOP 分析也不例外。因此，要想组织好 HAZOP 分析工作，应该先明确各相关方的职责。

第二节 职责与分工

HAZOP 分析到底是该由谁负责的工作？在开展任何一套工艺装置的 HAZOP 分析之前，这是必须要回答的一个问题。

在企业里，开展任何一项工作，参与者通常担当以下四种角色中的一种或数种：

(1) 最终责任人　对本项工作承担全面和最终的责任，如果工作没有做好，需要负总责。

(2) 直接负责人　对本项工作承担直接责任。通常是指具体组织、领导完成工作任务的人。

(3) 支持人员　为本项工作提供各种支持的人员。例如，技术支持、行政支持等。

(4) 用户　是利用本项工作成果的人，或者是本项工作的直接或间接受益人。

新建工艺装置的过程危害分析（以下专指 HAZOP 分析）的最终责任人是项目负责人（如项目经理）。项目负责人应该为开展 HAZOP 分析安排必要的资源，包括费用预算、文件图纸资料、会议设施和人力资源等。如果工艺装置在投产之前没有开展 HAZOP 分析，或者未及时落实 HAZOP 分析所提出的建议项，因此造成事故或导致项目延期（没有落实 HAZOP 分析中那些重要的建议项，工艺装置不应投产），项目负责人要承担相应的责任。

在役工艺装置的 HAZOP 分析的最终责任人是工艺装置负责人或工厂厂长。他们应该按期完成工艺装置的 HAZOP 分析复审工作（也称有效性确认，请详见本书第十章）。

最终责任人不必亲自领导分析小组、花费大量时间直接参与 HAZOP 分析工作的全过程，他可以指定一名 HAZOP 分析组长来具体负责此项工作。HAZOP 分析组长是这项工作的直接负责人，负责带领分析小组开展分析工作，直至完成分析报告。

分析小组中有若干相关专业的成员，他们都是支持人员。在开展 HAZOP 分析过程中，他们在组长的带领下，参与讨论并提供专业意见，为这项工作提供技术支持。

所有用到 HAZOP 分析报告的人，都是用户，如相关的工程师、生产操作人员和维修人员等。企业里每个与生产、维护维修及安全相关的人，都是 HAZOP 分析这项工作的潜在用户。

值得一提的是，HAZOP 分析工作并非安全管理部门的职责。很多企业是由安全管理部门负责寻找外部资源来协助开展 HAZOP 分析，原因是安全管理部门对外部资源比较了解和熟悉，知道在哪里如何找到这些资源，因此也容易引起误解。很多人误认为 HAZOP 分析就是安全管理部门的任务。实际上，在 HAZOP 分析过程中，安全管理部门的人员通常是以专业支持人员的角色参与分析工作。落实 HAZOP 分析是项目负责人或工厂负责人的职责！

第三节 HAZOP 分析小组

在企业里，安排一名经验非常丰富的人，根据 P&ID 图纸，独自应用引导词识别相关的事故情景，并编制出一份分析报告，这么做尽管采用了 HAZOP 分析的一些方法与思路，但不能称之为 HAZOP 分析。HAZOP 分析必须是团队工作！这是它的一项基本特征。

HAZOP 分析团队（也称 HAZOP 分析小组）是根据项目的具体情况临时组建的，几乎没有企业会设置一个固定不变的分析小组。

分析小组中应该至少有一个人熟练掌握 HAZOP 分析方法，而且有人熟悉将要分析的工艺系统，熟知它的设计意图和生产操作过程。

分析小组通常由一名小组组长（有时称为 HAZOP 分析主席，以下简称组长）、一名记录员（或称之为助手）和多名专业成员构成。HAZOP 分析小组以 5～8 人规模为宜。人数太少，会缺少必需的专业成员；人数太多，小组成员在讨论过程中不易保持专注，会影响分析工作的效率。对于简单的工艺系统，分析过程持续的时间短（例如，持续时间不超过 3d 的小项目），也可以不设记录员，由组长自己负责讨论过程中的记录工作。对于复杂和规模较大的项目，有必要安排一名记录员，这样组长不必做记录，可以更专注于带领大家展开分析讨论。

组长全面负责 HAZOP 分析工作，从准备工作开始，直到完成分析报告。在本章第四节中详细说明了对组长的资质要求与组长的职责。

记录员参与 HAZOP 分析讨论会议的全过程，负责记录讨论中的重要内容（记录在 HAZOP 分析工作表中），有时还可以协助组长起草分析报告。记录员应该善于理解和归纳分析小组的讨论内容，能熟练录入相关的文字。如果采用 HAZOP 分析软件，记录员应该熟悉所使用软件的基本功能和使用方法。

分析小组中应该有足够的专业成员，如工艺、工程、生产、维护维修、设备、自控和安全等专业人员。至少应该有熟悉工艺生产的成员和懂维护维修的成员，这是组建 HAZOP 分析小组的最基本要求。

对于新建工艺装置（设计阶段的 HAZOP 分析），应尽量邀请工程设计单位的工艺工程师、自控工程师和设备工程师等参与分析工作。对于首次工业化工的工艺系统，工艺研发人员应该参与分析工作，在这个阶段，工艺研发人员是最熟悉工艺特点的工艺工程师。

对在役工艺系统开展分析时，分析小组中最好有熟悉该工艺系统的一线操作人员，如生产班长或资深操作员。他们熟悉现场的情况，可以提供工程师们所不了解的某些第一手资料。此外，参与 HAZOP 分析过程可以帮助他们加深对工艺系统的认知，是非常好的学习机会。

参与 HAZOP 分析的专业成员，应该在自己所代表的专业领域积累了较丰富的经验，并且有比较好的表达能力，乐于交流。HAZOP 分析是非常严肃和严谨的工作过程，出于培训目的而参与分析讨论会议的小组成员，往往缺少足够的经验，不能作为相关专业的代表，在分析小组中必须有其他经验更丰富的成员作为该专业的代表。

HAZOP 分析一般持续几天甚至数月，过程较漫长。某些专业成员很难完全参与整个过程。例如，有些参与 HAZOP 分析的生产人员需要倒班轮休；有些企业在某个专业只有一两名工程师，日常工作很繁重，很难持续几周都坐在会议室参加 HAZOP 分析工作。可以采取两种方法来解决这个时间上冲突的问题：一是多人轮换，例如，倒班的生产班长和有经验的资深操作员可以轮流参加分析会议；一是专项讨论，例如，如果仪表工程师不能全程参与 HAZOP 分析会议在大部分的会议时间里，该工程师可以不参加，遇到与仪表相关的问题时，分析小组先做好标记，当积累了较多与仪表相关的问题后，可以请仪表工程师参与到会议中来，集中讨论那些需要他提供专业意见的问题。有一点需要特别强调，在分析小组中，自始至终应该有工艺生产和维护维修的代表。

HAZOP 分析看似一个很枯燥的工作过程。但是，如果我们真正进入角色，深入参与讨论过程，就会发现它其实是一个内容非常丰富、考验洞察力和创造力的有趣过程。在有些企业，在分析工作初期，参与的人较多，此后参加讨论会议的人越来越少，甚至因人数太少不得不中断分析讨论会议。之所以出现这种情况，主要的原因是参与这项工作的分析小组成员（或他们的上级管理人员）没有真正认识到这项工作的重要性。归根结底它是安全文化的问题，它说明企业的管理层对安全的重视程度还不够，对 HAZOP 分析的重要性缺乏足够的认知。企业管理层如果已经认识到这项工作的重要性，就会把它作为安全工作的重中之重来对待。

在 HAZOP 分析的过程中，把分析小组成员都召集起来，参加长时间的分析讨论会，有耐心、按部就班地高质量完成分析过程，是件难度很大的事情。如果不尽早计划和约好会议日期，HAZOP 分析讨论会的会期就容易与小组成员的其他任务发生时间上的冲突。因此，负责组织 HAZOP 分析的人（如组长）需要提前确定会议的日期，尽早邀请分析小组成员参加并做好时间上的安排。

第四节　组长的资质及职责

HAZOP 分析组长需要自始至终带领分析小组开展工作，包括准备工作、主持分析讨论会和完成分析报告。

在分析讨论会之前，要确认各项准备工作已经就绪，特别是要确认有适当的文件图纸资料，它们应满足分析讨论会的要求。

在分析讨论会上，组长要带领小组成员一起划分节点、主持会议、指导记录员做好记录工作。在技术方面，应确保各种事故情景的残余风险满足本企业风险标准的要求；尽可能结合本企业的实际情况，提出经济、易行的建议项。

在分析讨论会结束后，编制、审阅分析报告，并分发给各相关方。

组长的引导与经验，对于 HAZOP 分析的完成过程及工作质量有显著的影响。胜任的组长可以在计划的时间内高效率、高质量地完成分析工作，识别出所有主要的过程危害并提出经济合理的解决措施。反之，如果组长缺乏经验，分析讨论容易偏离重点，甚至遗漏关键危害或低估风险，或者提出的建议项脱离实际难以真正落实，因此埋下事故隐患。组长人选是决定 HAZOP 分析成败的一个重要因素。

对于组长的资质要求，行业中没有严格的定义。HAZOP 分析是一项柔性的技术工作，很难按照统一的标准来衡量组长的胜任力。根据高质量完成 HAZOP 分析工作的要求，一名胜任的合格组长通常应该满足以下条件：

(1) 愿意从事此项工作。

(2) 接受过正规的 HAZOP 分析方法培训，通常是 3～7d 的专业培训。

(3) 有实际参与 HAZOP 分析的经验，之前担任过 HAZOP 分析组长，或作为成员参与过多个项目的 HAZOP 分析。

(4) 有较好的沟通和项目组织、管理能力，善于引导分析小组展开讨论。

(5) 有一定的工艺流程知识，熟悉并能够使用 P&ID 图纸开展工作。

(6) 有较好的工程或工艺生产实践经验。例如，此前从事过工艺生产或工艺设计相关的工作，有较好的生产实践经验。

(7) 如果项目所属公司有过程危害分析程序，组长应熟悉该程序的要求，包括清楚理解本企业的风险标准。

(8) 对于某些项目，因分析小组成员来自不同的国家，组长还应能使用外语交流。

对于组长的专业背景，并无特别的要求。通常，在化工、石化和制药等流程工业企业，HAZOP 分析组长多数由工艺工程师、过程安全工程师、生产工程师或项目工程师来担任。在咨询公司里，有些顾问专职从事HAZOP分析工作，担任组长就是他们的本职工作；但在企业里，担任组长的人通常都是兼职的（有些企业聘请过程安全工程师，专职从事HAZOP分析工作）。

对于组长的委派和认可是由企业自己决定的。迄今，在行业里（也包括欧美的化工、制药和石化等领域），担任HAZOP分析组长不需要事先取得某种许可证或资质证书。

国内外一些机构提供HAZOP分析培训服务，对于帮助专业人员了解和掌握HAZOP分析方法很有帮助，在培训结束时，还会给学员颁发培训证书，用以表明学员参与了所提供的培训。这些证书纯属企业或机构自身行为，都是非正式的和非官方的。学员参与了这些培训并获得培训证书，不能证明他（她）就是一名胜任的组长，因为完成正规培训仅仅是成为合格组长的基本前提条件。企业在委派组长时，宜参考本节上文中所提出的对组长的资质要求，进行综合评定。

第五节　明确分析任务与工作范围

在开展HAZOP分析之前，先要明确分析任务和工作范围。这里包含两层含义，首先，是要从宏观上明确需要对哪些工艺系统开展HAZOP分析，或只对部分工艺单元开展分析；其次，要明确分析工作仅仅只是涵盖那些有安全后果的事故情景，而是也需要包括与生产相关的情景。

从HAZOP分析本身的含义，我们可以看出它包含两方面的内容，一是危害（安全）相关的分析，一是可操作性（生产）相关的分析。不同的公司在两者选择上侧重点会有所不同。

有些公司要求对安全和生产相关的所有事故情景都进行细致的分析。有些公司先组织生产专家单独对生产相关的问题做评估（不属于HAZOP分析的范畴），此后，在HAZOP分析时只关心安全相关的问题，完全忽略影响生产的事故情景。有些公司在开展HAZOP分析时，将工作重点放在安全方面，只是稍微关注生产相关的问题，仅仅对那些后果非常严重的生产问题予以讨论（例如，只关心那些会导致重大设备损坏或长期停产的事故情景）。

倘若只考虑安全相关的事故情景，可以明显缩短分析讨论会议的时间；而且，专注于安全问题，可以将安全相关的影响分析得比较透彻。它的缺点是忽略了生产相关的情形，不够全面。反之，如果对影响安全和生产的所有事故情景都做详细的分析，所需的讨论会议时间会大幅增加，甚至翻倍。工作内容虽更加全面了，但工作效率比较低，还可能因为精力分散，减弱对重要安全问题的关注度。

通常，对于新建的工艺系统，HAZOP 分析不但应该包括安全相关的事故情景，而且至少应该包括对生产有严重影响的事故情景的分析。这样做，既可以在设计阶段解决安全隐患，也可以消除设计中对生产有严重影响的缺陷，有利于工艺装置的顺利投产和持续生产运行。在设计阶段识别出问题并加以解决，也是最经济的做法。

对于在役工艺装置，主要的生产问题在之前的运行过程中通常都已经发现或获得了解决，在开展 HAZOP 分析时，可以把注意力放在安全相关的分析上，专注于挖掘出潜在的安全危害及可能因其导致的事故情景。

第六节 HAZOP 分析的准备工作

充分的准备工作，有助于提高 HAZOP 分析的工作效率、保障分析工作的质量。准备工作包括召集会议、准备图纸文件和行政支持几个方面。

一、召集会议

在很多企业里，召集分析小组成员参加分析讨论会议，是 HAZOP 分析非常困难的环节。因为会议持续时间长，分析小组成员又都有自己的本职工作，而且参与的人数也比较多，小组成员的本职工作与 HAZOP 分析工作容易发生时间上的冲突。通常至少应该提前两周做好会议计划，及时向分析小组成员发出会议邀请。有些企业甚至在分析讨论会议开始前数月，就排定 HAZOP 分析的会议计划。

在召集会议前，先要确定分析小组的成员。应根据工艺系统的特点确定小组成员。在发出会议通知前，会议组织者或组长最好与小组成员分别沟通，确认所有小组成员都可以参加会议的日期，然后敲定会议的日期安排。

除了尽早确定日期安排，还要及早选定开展 HAZOP 分析的地点。可以在本企业的会议室或者在工程设计单位召开分析讨论会，在酒店租用会议室也是常见的选项。

在役工艺系统的 HAZOP 分析，一般安排在本企业的会议室，召开会议比较方便，文件图纸也方便取得，而且便于查看工艺系统，根据需要，小组成员可以随时到工艺生产区了解情况。但也有一个缺点，参与分析讨论的小组成员容易受到日常工作的干扰，会频繁临时离开会议室去处理一些其他事务，因此会造成分析讨论中断或受其影响。为了避免这种情况，有些企业干脆在远离工厂的酒店租用会议室，以便分析小组成员专注参会。

对于新建工艺装置的 HAZOP 分析，在工程设计单位召开分析讨论会是一个不错的选择，这样安排更便于获得所需要的图纸和文件。

二、准备图纸文件

HAZOP分析需要用到一系列设计图纸和文件，也称为过程安全信息（PSI）。只有具备了所需要的过程安全信息，才能开展HAZOP分析工作。如果缺少适当的过程安全信息，特别是在缺少适当P&ID图纸的情况下，不应开展分析工作。

以下是开展HAZOP分析通常需要用到的一些过程安全信息资料：

- 工艺描述或说明。
- 化学反应相关资料（如反应热的测试报告）。
- 带控制点的管道仪表流程图（P&ID图）。
- 新建装置与现有工艺系统的界区连接图（标出了连接点的P&ID图）。
- 成套设备的P&ID图（由成套设备的供应商提供）。
- 化学品安全技术说明书（MSDS）。
- 工厂总平面布置图。
- 设备与仪表的设计规格文件（有主要参数及其他设计规格信息）。
- 管道设计规格文件（有材质和压力等级相关信息）。
- 报警和联锁相关文件（如联锁因果图）。
- 物料平衡表及能量平衡表（有时需要参考）。
- 安全阀计算书（如果有的话，应该提供）。
- 操作程序（应包含正常生产的操作程序、开/停车操作程序等）。
- 维修作业程序（有时需要参考）。
- 设计所依据的标准和规范（包括本公司的技术标准）。
- 类似工厂的事故（行业同类装置的主要事故及原因分析）。

在这些图纸文件中，P&ID图和化学品安全技术说明书（MSDS）是开展HAZOP分析最基本的资料。

对于新建工艺系统，应该基于最新版的P&ID图纸开展分析。对于在役工艺系统，在分析之前，要确保所采用的P&ID图纸与现场安装是一致的（即使现场的安装不尽合理，图纸也应该如实反映当前的安装状况）。

准备P&ID图纸　通常需要为每一名小组成员准备一套A3大小的P&ID图纸，另外准备若干套A3大小的图纸用于编制书面报告。此外，还可以准备一套A2大小的P&ID图纸，用来划分节点。为了便于讨论，可以准备电子版的P&ID图纸（可以投影出来，便于讨论）。

准备化学品相关资料　开展HAZOP分析之前，必须对所涉及的化学品的危害特性有较好的掌握。了解化学品危害特性的最常见途径，是阅读化学品安全技术说明书（MSDS）。分析小组应事先收集相关化学品的MSDS文件，通常只需要打印出一份即可，宜准备电子版的MSDS文件，便于讨论时使用。值得一提的是，需要从合适的途径获取有效的 MSDS 文件。使用从互联网上搜索并下载的 MSDS，存在一定的风险，这种方法获取的 MSDS 文件可能缺少一些重要内容、或内容不够准确。有不少化学品制造商本身不具备编制 MSDS 文件的能力，也是通过网络获取此类文件，然后提供给化学品使用企业，这样的 MSDS 文件也可能存在缺陷和使用风险。因此，应尽可能从可信的途径获取 MSDS 文件；对于危害较大或不熟悉的化学品，尽量多找几个不同版本的 MSDS 文件对比一下。

对于精细化工的工艺装置，还需要准备好操作程序文件。对于反应过程，应该事先获取反应相关的资料，特别是反应热数据（必要时可以委托第三方检测机构开展反应热测试）。如果工艺过程中涉及可燃粉尘，要事先获取该粉尘的一些重要火灾爆炸特性数据，如最小引火能数据等。

准备工厂平面布置图　在 HAZOP 分析时，或者在开展设施布置分析时（请参考本书第九章），需要用到工厂平面布置图。可以准备一份 A2 或 A3 大小的工厂平面布置图，最好有电子版本。

除了以上提到的 P&ID 图纸、MSDS 文件和工厂平面布置图外，如果需要用到其他图纸和文件，都可以临时借用，不必把它们都打印出来或事先复印（打印和复印会造成浪费，不经济也不环保）。例如，企业委托第三方检测机构对反应放热情况做过实验分析，编制了分析报告。在 HAZOP 分析期间，分析小组需要详细了解该反应放热的特性时，可以把这份报告临时借来使用，使用后归还即可。

三、行政支持

HAZOP 分析通常会较长时间（数天或数月）占用会议室。充分的行政支持，特别是准备好会议室，可以使分析工作开展得更顺利。

试想一下，分析小组正在进行 HAZOP 分析（分析讨论会），有人敲门进来说他们马上要使用这个会议室（因为会议室的这个时间段是他们预订了，用于其他会议），分析小组不得不临时更换会议地点。不但需要另外找一间合适的会议室，而且要把所有的图纸文件（包括贴在墙上的图纸）、投影仪和电脑等搬到另一间会议室。有时在当时甚至没有其他空余的会议室可用，HAZOP 分析不得不因此临时中断。发生这种情况，会严重影响 HAZOP 分析的工作进度，也会影响小组成员的情绪。所以，需要提前为 HAZOP 分析预订好会议室。

会议室以能容纳 10～15 人为宜；会议室太大，小组成员相互间距离较远，也会影响讨论，会议室需要配备必要的辅助实施，如投影仪、电源（供投影仪和笔记本电脑）、书写白板和书写笔（为了便于讨论时书写，最好有不同颜色的书写笔）、桌子和椅子（宜选择比较舒适的椅子）、饮用水、茶叶和咖啡等。如果是在夏季，会议室要有空调。图 6-1 是一间不错的 HAZOP 分析会议室。

投影仪是分析讨论会需要用到的重要工具。应该准备一个清晰度足够好的投影仪。如果投影仪亮度不够，或已经老旧，投影在幕布上非常模糊，小组成员很难看清楚幕布上的内容，或看起来很吃力，这样会严重影响分析讨论。至少需要一个可用的投影仪。如果条件许可，也可以准备两个投影仪（配一两支激光笔），其中一个投影仪用来投影讨论过程中记录员所记录的内容，另一个用来投影P&ID图纸，这样讨论起来更加方便。使用两个投影仪时，需要两块幕布，或者投影在会议室的白色墙面上。

图 6-1　典型的 HAZOP 分析会议室

除了会议室，其他的行政支持包括提供互联网连接、在附近有打印或复印设施、为分析小组准备简单午餐（便于节约工作时间）和短途交通工具等。如果在开展分析工作之前，需要参观工艺装置，还需要准备必要的个人防护用品。

第七节　HAZOP 分析首次会议

对于持续数天的 HAZOP 分析，讨论会议通常包括三个阶段，即首次会议、分析讨论会议与总结会。

首次会议由组长主持，一般持续半天左右，目的是为分析讨论会议做好所有的准备工作，通常包括以下内容：

（1）说明应急反应要求　如果是在工厂会议室开展 HAZOP 分析，而且有工厂以外的人参加，组长要向所有参加会议的人说明应急反应的要求，包括工厂报警、紧急逃生路线和紧急集合点等。如果小组成员都是来自本企业，可以省略这个环节，反之，只要有外来人员参加会议，这个环节都是必要的。

（2）介绍小组成员　如果组长熟悉每一位参会人员，可以直接介绍各小组成员，也可以由小组成员自我介绍。在自我介绍时，实事求是，不必太谦虚，要让其他成员了解自己的基本情况，特别是自己当前从事的工作和具有的专业经验。通过这个小组成员介绍的环节，组长可以确认本小组是否有所必需的小组成员和专业能力。如果小组成员都是来自本企业，而且大家都很熟悉，这个环节可以省略。

（3）说明分析讨论会议的基本规则　组长向大家说明 HAZOP 分析讨论会的基本准则。例如，鼓励提出任何问题、将手机设置成振动模式、不允许在会议中打电话、中间休息后按时回到会议室、不将图纸文件带出会议室、避免私下开小会等。小组成员都应遵守这些会议规则。

（4）说明工作范围　组长简单向大家说明本次 HAZOP 分析的工作内容和范围。例如，需要为哪些工艺单元完成 HAZOP 分析；除了 HAZOP 分析，是否补充其他过程危害分析任务，如设施布置分析、人为因素分析和以往事故回顾等。

（5）说明日程安排和会议地点　组长向大家说明本次 HAZOP 分析的日程安排，明确分析讨论会的结束日期，并与大家一起确定每天的作息时间。如果是在工厂内开展 HAZOP 分析，在确定作息时间时，每天开始工作的时间可以比工厂的上班时间晚一点（如晚 30min），以便小组成员安排一下自己的本职工作；每天结束时间可以比工厂的下班时间提早一点（如早结束 30min），便于小组成员安排第二天的本职工作和按时乘坐工厂的通勤班车回家。有时候，一些小组成员有午休的习惯，要尽量安排午休时间；如果不留时间给他们午休，会打乱他们的作息习惯，下午会议期间他们可能不在工作状态。原则上，HAZOP 分析的日程安排要尽可能减少对工厂日常工作的影响。分析讨论会最好是一直在同一间会议室完成，如果需要在中途更换会议地点，在首次会议上应该事先与小组成员沟通好。

（6）简单说明工艺系统　在正式开展分析工作前，小组成员需要对整个工艺系统有总体的初步了解。组长可以请一名熟悉工艺系统的成员（如工艺工程师），向大家简单说明工艺系统。这个过程不必花很长的时间，通常约半小时。在介绍了工艺系统以后，组长和大家一起根据 MSDS 文件，初步了解工艺系统中那些危害较大的化学品，掌握它们的主要危害。

（7）介绍 HAZOP 分析方法　在分析小组中，如果有人是第一次参加 HAZOP 分析，或者企业的 HAZOP 分析管理程序有变更，组长应该对 HAZOP 分析方法做一个简单的说明，可能需要 1～2h。重点介绍 HAZOP 分析的基本方法，包括风险矩阵的相关说明。特别地，如果采用融入保护层概念的 HAZOP 分析方法，应该就 BPCS 保护层的有效性达成共识，讨论明确在一种事故情景中，DCS 或 PLC 相关的保护层最多是取一个，还是可以最多取两个（必要时，需要征求管理层的意见）。

（8）划分节点　在首次会议之前，组长可以先了解工艺系统，形成初步的节点划分方案。在首次会议上，与小组成员一起讨论，确定划分节点的方案。为了便于讨论，可以将A2大小的图纸张贴在会议室的墙上，用彩色荧光笔以不同的颜色标出各个节点。也可以将P&ID图纸投影在幕布上，一起讨论如何划分节点。

在完成以上工作后，首次会议就结束了，紧接着，就可以开始正式的HAZOP分析讨论会。

第八节 HAZOP分析讨论会

分析讨论会是HAZOP分析的主要工作方式，它可能持续数天或数月，持续时间的长短取决于工艺系统的规模和复杂性等因素。

组长负责推进讨论会的各项工作。如何让讨论会卓有成效是每个组长需要思考和努力解决的问题。采取下列策略，有助于提高分析讨论会的质量和效率。

一、鼓励小组成员积极提问

在HAZOP分析讨论过程中，分析小组要坚持这样的原则：在HAZOP分析讨论会议上，所有提出的问题都是有价值的，没有任何一个是多余的，更不会有愚蠢的问题！组长应该捍卫这一原则，鼓励小组成员提出任何他们想要提的问题，并用实际行动予以鼓励。

会议中，要杜绝个别小组成员阻止其他成员提问题的情形。当然，鼓励大家提出问题和建议，并不意味着必须采纳所提出的意见。

二、鼓励小组成员积极参与讨论

HAZOP分析的重要特征是“头脑风暴”式的小组讨论。组长要调动小组成员的积极性，让他们积极参与讨论，提出自己的意见。讨论过程中要避免一言堂，防止出现只有一个人总在讲话，或只有两个人在讨论，其他人作壁上观的情形。

组长可以通过提问来激发大家的参与热情。例如，讨论没有流量的情形时，组长可以问小组成员，有哪些原因会导致管道内没有流量，只要有一个成员做出回应，其他成员就会跟进并参与讨论，这样可以消除大家的紧张感，营造一个大家积极参与的氛围。

三、只开一个会议

在分析讨论期间，个别人可能私下讨论其他问题，或就当前话题在私下另行讨论，这样会造成小组成员精力不集中，私下讨论还会影响会议的正常讨论，因此，组长要控制讨论的节奏，确保同一时间只有一处讨论、只开一个会议，避免出现“会中会”。

如果出现私下讨论，组长可以通过敲击桌子等方式，提醒大家中止所有的讨论，回到会议正常的讨论轨道上。

四、合理的进度控制

分析讨论的进度控制不当，可能出现两种极端情况。

一是把大量需要讨论的东西压缩在很短的时间内，讨论过程匆匆忙忙、走马观花，这么做很容易漏掉关键的内容，严重影响 HAZOP 分析的工作质量。

另一种情况，是在讨论过程中频繁出现跑题的情形，讨论那些超出 HAZOP 分析范畴的事情。例如，讨论过程延伸到如何提高反应收率、如何招聘到合格的操作人员等。这样做会浪费大家的时间，并且大量占用后续工艺单元的讨论时间，为了按期完成分析任务，后续工艺单元的讨论就会敷衍了事，甚至因此埋下事故隐患。因此，组长要管理好分析讨论会的进度。

在讨论期间，应围绕当前的话题展开讨论，避免跑题。如果临时出现跑题的情况，组长要及时把讨论拉回到正确的轨道。反之，要避免“赶时间”的情形，组长应该对分析讨论的重点心中有数，为一些关键问题的讨论预备充足的时间。HAZOP 分析原本就应该是一个不紧不慢的讨论过程。

为了确保按期、有序完成分析工作，组长可以与小组成员一起，制订一个简单的工作计划表，按照日程安排，列明每天计划完成哪些工艺单元，对于危害较大的工艺单元，预留充足的时间。可以将这张计划表张贴在会议室的墙上，在讨论期间，每完成一个工艺单元的分析，就标注在这种表上。通过这张表，就可以管理好 HAZOP 分析的进度。

每天可以完成多少工艺单元的分析讨论？这与工艺单元本身的危害大小密切相关。例如，对于一些危害较大的复杂反应，尽管只有一张 P&ID 图，但需要一整天或更长的时间才能完成分析任务；对于一些危害较小的连续流程，1～2h 就可以完成一张内容中等密度的 P&ID 图纸的分析。对于连续工艺流程，每天可以分析讨论 2～6 张内容中等密度的 P&ID 图纸；对于间歇工艺流程，每天可以分析讨论 1～3 张 P&ID 图纸。

五、合理的工作时间

HAZOP 分析讨论是一种高强度的脑力激荡，如果分析讨论会持续时间过长，小组成员精力会分散，注意力很难一直保持集中，会影响工作质量和效率。在一般情况下，每天分析讨论 6～7h，基本上可以保持分析小组的活力。有些企业规定，每天 HAZOP 分析讨论会最多不允许超过 6h。在 HAZOP 会议期间，通常每工作 60～90min，组长应该安排大家休息 10～15min。

如果在一天中，已经进行了 8h 的分析讨论，还继续加班，就非常不可取。一方面小组成员已经很疲惫，加班讨论的工作质量和效率会大打折扣；另一方面，还会严重影响第二天的分析讨论。

六、及时备份

试设想，组长带领整个分析小组辛苦工作了若干天，下一次会议开始时，发现此前文件已经坏掉了，更糟糕的是，用于记录的手提电脑丢失了。上述情况偶尔也会出现，组长和小组成员面临这种情况时，会有一种极大的挫败感。因此，及时备份 HAZOP 分析的相关记录是非常必要的。

最可靠的备份方法是在每天分析讨论会结束时，打印出一份书面的草稿。也可以将会议记录备份在移动存储设备里，如 U 盘和移动硬盘等。还可以通过邮件方式将分析的记录发到自己的邮箱里，备份在服务器或网络上。

七、总结会

在 HAZOP 分析讨论会结束时，分析小组会进行总结，召开一个简单的总结会。总结会通常由组长主持，时间较简短，一般是非正式的。

总结会期间，分析小组通常回顾此前讨论中提出的建议项，根据需要对个别事故情景加以修正。总结会上，分析小组还可以对本次 HAZOP 分析工作的过程做简单的回顾，总结出哪些环节做得好，哪些方面还可以改进（此部分不需要做相关记录），为小组成员今后开展 HAZOP 分析提供借鉴。此外，也可以讨论需要由分析小组完成的后续工作的安排，例如，确定何时提交分析报告，对分析报告的一些具体要求等。

可以邀请项目负责人（如项目经理）或工厂管理层代表（如厂长、装置经理、技术经理、工程经理、维修经理和安全经理等）参加总结会，让他们了解 HAZOP 分析的初步结果，帮助他们了解工艺系统中存在的高风险点，特别是针对高风险事故情景的一些建议项。上述沟通有助于项目负责人或工厂管理层了解所提出建议项的重要性，及时编制行动计划和跟踪落实提出的建议项，确保工艺系统在可以接受的风险水平下运行。

第九节　保障 HAZOP 分析的工作质量

HAZOP 分析的根本目的是识别工艺系统中存在的主要事故情景，采取必要的措施来消除或控制这些事故情景相关的风险，防止出现灾难性的事故，确保工艺系统安全运行。分析工作质量的好坏对于能否达到以上目的起着非常重要的作用。如果在分析过程中遗漏了主要的危害，就会埋下事故的种子。表 6-1 列出了 HAZOP 分析中常见的一些质量缺陷及其原因。

表 6-1　HAZOP 分析中常见质量缺陷及其原因

质量缺陷	导致缺陷的原因
1. 遗漏　没有识别出主要的过程危害	● 分析工作的范围不明确 ● 缺乏必要的过程安全信息，或信息资料不准确 ● 使用的引导词不够(缺少必要的引导词) ● 小组成员经验不足或缺乏必要的专业成员 ● 小组成员参与讨论不足(由个别人主导了会议) ● 分析时间安排得太紧，没有时间充分讨论
2. 不完整　识别了危害，但对危害认识不足(最终该危害没有被足够重视)	● 缺乏必要的过程安全信息，或信息不准确 ● 没有严格参照风险矩阵做风险评估 ● 小组成员经验不足或缺乏必要的专业成员 ● 小组成员参与讨论不足(由个别人主导了会议) ● 分析时间安排得太紧，没有时间充分讨论
3. 残余风险过高	● 没有开展风险评估，或风险评估失当，建议项不足 ● 小组成员经验不足或缺乏必要的专业成员 ● 分析过程中没有完全理解相关的事故情景 ● 过分依赖行政管理措施来控制危害 ● 误将伪安全措施当成有效措施参与风险评估 ● 建议项与识别的危害不匹配 ● 对落实建议项的现场条件不了解，提出的建议项无法执行
4. 增加不必要的运营投入　部分现有措施没有识别出来，增加了不必要的措施；建议项非常不经济	● 缺乏必要的信息，或信息不正确 ● 小组成员经验不足或缺乏必要的专业成员 ● 分析过程中完全拘泥于安全方面，缺乏系统全面的思考 ● 没有开展风险评估，或风险评估失当
5. 报告质量差　没有足够详细的描述；缺少必要的内容；报告中没有相应的图纸	● 编制报告的要求不明确 ● 记录员缺少经验，分析过程中，记录不详细，或记录不准确 ● 分析报告未经过必要的审阅 ● 报告编制时，图文分家，没有及时附上开展 HAZOP 风险所用的 P&ID 图纸

针对以上导致 HAZOP 分析质量不理想的原因，可以从以下几个方面来加以改善：

一、做好 HAZOP 分析的计划和准备工作

(1) 组建能胜任的分析小组　根据工艺系统的特点组建能胜任的分析小组，对于确保 HAZOP 分析的工作质量至关重要。先要选择一名合格的组长，由组长确认小组成员中有各相关专业的代表，并且有足够的经验。

如果多数小组成员之前都没有接受过培训，应该在开展分析工作之前，给予他们适当的培训。简短的培训需要 1d，较全面的培训需要 3～5d。

(2) 明确界定分析任务的范围　在分析工作开始之前，应该明确本次分析任务的范畴。

在划分节点时，可以将分析任务的范围具体标示在P&ID图纸上，以免分析时遗漏工艺单元，或漏掉其中某个部分。

（3）准备好图纸和文件　在分析工作前，确认已经准备好了所需要的图纸和文件，特别是P&ID图纸、说明化学品危害特性的资料和反应过程危害说明文件。

P&ID图纸应该有足够多的信息，便于分析小组成员理解所分析的工艺过程。对于新建项目，所准备的P&ID图纸应该是最新的版本；对于在役工艺系统，P&ID图纸的内容应与已经安装的工艺系统相一致。

如果没有适当的P&ID图纸，不能急于开展分析工作，应该先把图纸准备好。

此外，还可以收集和整理行业中同类装置所发生的一些事故及其主要原因。

（4）安排足够的分析时间　由于所安排的分析讨论时间太短，就匆匆完成分析，囫囵吞枣，这种草率的做法是HAZOP分析一大忌。

在开展分析之前，应该计划足够长的时间。可能涉及资源和人员成本，应准备足够的预算。

（5）现场查看　对于在役工艺系统，在开展HAZOP分析前，最好安排现场查看。分析小组成员用1～2h，在现场粗略查看一下工艺系统，对工艺系统形成感性认识，分析讨论时更便于沟通。

二、严谨地落实分析过程

在HAZOP分析过程中，组长要高度重视分析工作的质量。如果因为分析过程中的疏忽，漏掉了主要事故情景，未来不幸发生后果严重的事故，一方面，造成了原本可以避免的损失，非常可惜！另一方面，分析小组的所有成员（特别是组长）会非常内疚。真到了那个时候，所有的理由和借口（诸如资料不够详细、分析工作时间太紧等等）都是苍白的！分析组长要带领小组成员发扬主人翁精神，设身处地站在“我们就是本工艺系统的永久负责人”的角度来做所有决定。

从技术角度，可以做一些细致的工作来确保分析工作的质量。例如：

（1）充分讨论和理解事故情景的全过程，包括中间过程。对于风险较高的事故情景，应该多花些时间讨论，尽可能优先采用本质安全措施和工程措施来消除和控制危害。

（2）对于后果异常严重的事故情景，开展必要的后果模拟，以便准确理解事故情景的后果，使风险评估更贴近实际情况。

（3）提出的建议项不但要能够消除或控制危害，还要充分考虑企业的实际情况，所提出的建议项应便于日常操作和维护，不能严重影响日常操作的便利性，否则终将被操作人员放弃利用。

(4) 在完成每一个节点的分析后，不要急于开始下一个节点的分析。组长可以带领分析小组，利用几分钟，根据引导词列表对本节点快速回顾一遍，看看有没有遗漏的事故情景。这几分钟的回顾，对于查漏补缺很有好处。

(5) 在完成各个节点的分析讨论后（也可以在每个节点讨论的末尾），回顾行业中以往发生过的典型事故及教训，根据这些事故的描述和主要原因，检查本工艺系统是否存在类似的危害、是否有了足够的措施防止发生类似的事故。如果存在类似危害且缺少措施，应针对性地提出建议项。

(6) 组长要在讨论期间指导记录员做好会议记录，确保会议记录的完整性、准确性，并足够明晰，没有明显的歧义。

(7) 组长应该对所完成的分析报告草案做严格审查，重点检查关键事故情景的描述是否准确、建议项的描述与讨论会上的结论是否一致、报告的内容是否完整，以及是否附上了分析时使用的图纸和文件。

第十节　HAZOP 分析的后续工作

原则上讲，当 HAZOP 分析报告完成后，组长和分析小组的职责就完成了。但是，对于企业而言，只是阶段性地完成了 HAZOP 分析这项任务，此后，还应该参考分析报告，及时编制行动计划，落实所提出的建议项。

在企业跟踪落实相关建议项时，可以要求分析组长做必要的澄清或提供技术支持，但严格上讲，这些后续工作不属于 HAZOP 分析本身的工作范畴。

在行业中，完成了 HAZOP 分析报告，但没有及时落实建议项，经过一段时间，所识别的事故情景变成现实事故的例子不胜枚举！如果不及时落实建议项，工艺系统本身就不会有任何改进，即使分析讨论本身尽善尽美，也只是纸上谈兵，对于消除、控制危害和降低工艺系统的运行风险毫无帮助。

在完成 HAZOP 分析后，项目负责人或工厂负责人应该编制行动计划，为每一条建议项指定一个负责人，并明确完成日期。此后，定期跟踪、核实上述行动计划的落实情况。

可以将建议项分成关键、高、中和低几个等级。所谓关键建议项，是指没有落实此建议项，工艺装置会在特别高的风险下运行，极容易出现后果严重的事故。这一类建议项要立即整改，可以在分析期间或分析报告完成前就立即开始整改（有些在役工厂要求立即停止生产，直到落实这些建议项后才恢复生产）。此外，等级为高的建议项通常宜在 6 个月内完成，其他建议项在两年内完成。

根据建议项与事故情景后果的相关性，还可以将建议项分成安全、健康、环境和生产等类别。针对那些会导致安全后果的事故情景而提出的建议项，属于安全类别的建议项，以此类推。有些公司规定，与安全、健康和环境相关的建议项，是必须落实的建议项；生产类别的建议项可以选择性实施（不落实这些建议项，不会有安全健康环境影响）。对于那些仅与生产相关的建议项，可以综合考虑经济性与可操作性等因素，根据实际情况决定是否实施。

在落实建议项期间，如果发现有些建议项不符合实际情况，难以落实，或者有更好的替代方案，不打算落实分析报告中提出的建议项，则必须对相关的事故情景重新分析，并形成书面材料，说明拒绝落实建议项或采用替代方案的理由，并经相关负责人批准。形成的书面文件与原过程危害分析报告一起存档。

在完成HAZOP分析后，如果要改变工艺系统的设计，这种改变通常属于变更，应遵守本企业的变更管理制度，对变更部分重新进行分析与评估。

对于新建工艺装置，在投产前，通常会开展投产前安全审查（PSSR，Pre-Startup Safety Review），目的是确认工艺系统具备安全投产和可持续运行的条件。在投产前安全审查期间，有一项很重要的任务，就是核实HAZOP分析所识别的各种事故情景的安全措施是否都已落实，包括分析报告的建议项一栏中所列出的建议项和现有措施一栏中列出的措施。在为新建装置开展HAZOP分析时，将图纸或文件上表述出来的有效的安全措施记录在现有措施这一栏中，这只表明它们已经体现在设计中了，但还未落实（安装在现场），因此，现有措施一栏中的安全措施也需要在投产前安全审查期间予以核实。

第十一节　本章小结

HAZOP分析涉及众多专业，通常持续较长时间。分析小组需要做好充分的准备（包括召集会议、准备图纸文件和行政支持等方面），才能按期、高质量完成分析工作。项目负责人或工厂负责人应该大力支持HAZOP分析工作，为之提供必要的资源和预算。

在正式分析开始之前，应该有必需的过程安全信息资料，特别是满足要求的P&ID图纸。

分析小组的成员构成对于HAZOP分析的工作质量举足轻重，组长应确认小组中有各专业的胜任的代表。

充分的准备、胜任的团队、合理的日程安排和积极互动的分析讨论，都是开展高质量HAZOP分析的前提条件。

完成分析报告后，HAZOP分析工作就告一段落了。但对于企业而言，这只是踏出了坚实的第一步，后续还应及时落实建议项，才能充分利用HAZOP分析的成果消除事故和降低工艺系统的运行风险。

第七章　HAZOP 分析报告

分析报告是 HAZOP 分析成果的载体，也是后续利用分析成果的依据。

分析报告应该准确、完整和表述清晰。

善用此分析报告，可以改进设计、优化操作、助力员工培训、落实预防性维护、编制应急处置预案和满足法规的要求。

第一节　引　子

在 HAZOP 分析讨论会期间，记录员会记下讨论的重要内容，在会后形成正式的分析报告。分析报告是 HAZOP 分析讨论成果的载体，也是后续利用分析成果的依据。

分析报告虽然是企业内部的文件，但在某些特殊情况下，例如不幸发生了事故，在事故调查期间，它也会是一个法律文件。编制的分析报告应该完整，并准确反映讨论过程中的主要结论。分析报告编制中常见的问题，有内容缺失或不完整、内容不准确、建议项的表述过于笼统、包含敏感技术机密等。

无论 HAZOP 分析过程多么完美、编制的分析报告质量有多么好，如果在完成分析报告后，将它们束之高阁，不充分利用，对于消除危害和预防事故就不会有任何实质性的作用。例如，有企业在完成 HAZOP 分析工作两年后，发生了化学品泄漏事故，在事故调查中查看分析报告，发现所发生的事故与报告中所描述的事故情景完全如出一辙。涉及危险化学品的企业时刻在与事故赛跑，这是一个企业跑输了的实例。投入不少资源开展了 HAZOP 分析，随后却未能善用它们来预防事故，这是非常可惜的！

HAZOP 分析报告也是一份档案文件，应该妥善存档。存档的期限应根据过程危害分析复审的周期来确定。

本章将讨论如何充分利用 HAZOP 分析报告、编制分析报告需要注意哪些问题，以及分析报告的存档要求等内容。

第二节　HAZOP分析报告的用途

在HAZOP分析报告中，包含了已经识别的所有事故情景、造成这些事故情景的原因、现有措施、风险评估结论和分析小组提出的建议项。企业可以在以下几个方面充分善用此分析报告。

一、改进设计与操作方法

无论是对于新建工艺装置，还是在役工艺系统，都可以通过落实分析报告中的建议项来改进工艺设计与操作方法。HAZOP分析报告是改进工艺设计的重要依据。

对于新建项目，设计人员可以参考分析报告中的建议项修改设计。通常可以参考该报告直接修改当前设计。如果根据建议项局部重新设计，要对重新设计的部分再次开展过程危害分析。

对于在役工艺系统，可以参考分析报告改变当前的某些设计、安装或操作方法。在改变已经安装的工艺系统时，应遵守企业的变更管理制度。

二、帮助操作人员加深对工艺系统的认知

对于操作人员，无论是工程师还是一线操作员，对自己负责的工艺系统应该有深刻的认知。其中一项重要内容，是掌握工艺系统在异常工况下可能导致的事故情景及其对策。

HAZOP分析工作表是分析报告的主要组成部分，它是表格形式，简单易读、条理清晰。没有参与HAZOP分析的生产操作人员、维修人员和其他管理人员，通过阅读分析报告，就能了解工艺系统中可能出现的各种异常的工况、相关事故情景及安全措施，加深对工艺系统的认知。

三、完善操作程序和维修程序

在HAZOP分析过程中，有时会对一些特殊操作提出具体的改进要求，例如，对一些很重要的操作要求双人复核、要求在操作过程中特别关注某个重要参数的变化情况、对操作的完成情况进行专项确认或验证、改变某个操作步骤的先后顺序等。有时，还会建议将某些关键设备、阀门或控制回路纳入工厂预防性维修计划的关键设备清单。在编制新建工艺装置的操作程序和维修程序时，可以参考HAZOP分析报告中的这些建议项。对于在役工艺系统，可以根据分析报告中的要求修订操作程序和维修程序，并培训受影响的

员工。

四、充实操作人员的培训材料

操作人员需要接受不同层级的培训，包括入厂的基本安全知识培训、本部门或本装置的培训和岗位培训等。在这些培训中，本岗位操作法和应急操作是操作人员应该接受的最重要的培训内容。在编制操作人员的岗位培训材料时，应该在培训内容中包含本岗位可能出现的主要事故情景、已有安全措施以及异常情况下的正确应急操作方法等。在HAZOP分析报告中，包含工艺系统中各种具体的事故情景，是充实上述培训材料的最佳素材。

五、编制专项应急处置预案

专项应急处置预案是工厂应急反应系统中的重要组成部分，它应该明确和具体，不能太笼统。

为工艺系统编制专项应急处置预案时，需要先识别该工艺系统中可信的、后果较严重的事故情景，然后针对每一种值得关心的事故情景，形成针对性的、具体的处置方案。例如，针对某种事故情景，列出在应急情况下各相关方应该采取的行动、采取这些行动所需的工具物资和个人防护用品、应急反应时的注意事项等。本书附录10是应急处置方案的一种样式。

HAZOP分析已经识别了所有值得关心的、可信的事故情景，因此，可以参考分析报告，从中挑选出那些值得关心的后果较严重的事故情景，为它们编制针对性的专项应急处置预案。

六、开展过程危害分析复审

在首次HAZOP分析完成后，每隔若干年，需要对此前完成的HAZOP分析重新进行有效性确认（即进行复审），它是开展过程危害分析复审的重要组成部分。

工厂应该保存好HAZOP分析报告，并作为下次过程危害分析复审的基础。反之，如果没有此前的分析报告，复审就难以进行，不得不重新开展分析工作，造成不必要的资源浪费。

七、符合法规要求

对于高风险的工艺装置，法规要求开展HAZOP分析（请参考本书第三章第三节）。分析报告是企业开展了HAZOP分析的书面证据，也是满足法规要求的证明材料。

第三节 HAZOP分析报告的内容

HAZOP分析报告应该包含一些基本的内容，具有较好的完整性。在分析报告中，通常需要包含以下基本章节或内容。

一、封面和目录

在封面中通常包括企业名称、项目名称、报告版本号、报告编制日期和报告编制者等信息。

目录中包括报告各个章节及附件的标题及页码。

二、综述

分析报告的第一部分，通常是对整个分析工作的综述，说明项目的背景、开展项目的过程简述和提出的建议项概况等。

三、目的及范围

说明开展本次HAZOP分析的目的和工作范围。应该清楚地说明分析工作所覆盖的工艺单元。

如果是对在役工艺系统的某个部分开展分析，为了避免混淆，有时也可以说明哪些工艺单元不属于本次分析的范畴。

在一些专业机构（如咨询公司）提供的报告中，通常还会有免责条款，说明其所承担的责任范围。

四、分析小组

在报告中，需要说明分析小组成员的基本情况，包括成员的姓名、所在单位或部门、所代表的专业，以及参与了哪些节点的讨论（或者是在哪些日期参加了分析讨论）。

小组成员每天参与分析讨论后，通常应在签到表上签名。小组成员签过名的签到表会附在分析报告里。

五、分析方法说明

在分析报告中，应该阐明本次HAZOP分析的方法。例如，应该说明HAZOP分析的基本过程、所采用的引导词、所依据的风险矩阵表、HAZOP分析记录表中各栏目的含义以及所使用的主要过程安全信息等。

六、执行分析过程的说明

需要简单说明HAZOP分析的执行过程。如果是分成几个阶段完成，需要说明各个阶段的日期及工作地点。

七、附件

附件是HAZOP分析报告的主要组成部分。通常，至少应该包括建议项汇总表、详细分析记录表、风险矩阵表、简单的工艺描述、分析所使用的图纸（在图上标出各个节点）等。

还可以包括落实建议项前后各事故情景的风险分布图、设施布置分析记录表、人为因素分析记录表、以往事故回顾记录表、自动阀门故障模式分析记录表、关键化学品的MSDS文件、分析小组成员签到表和组长的个人简历等。

第四节 编写分析报告的注意事项

HAZOP分析报告是一份非常正式的文件，如果不幸发生事故，它会成为一份法律文件。另一方面，它又不是完全意义上的受控文件（过于严格控制此文件，会妨碍正常的使用，甚至失去编制它的意义），会被不同的人广泛使用，这一点对保护企业的商业机密提出了挑战。

在编写分析报告时，可以参考以下注意事项：

一、报告的内容要准确、清晰

准确性是编写HAZOP分析报告的基本要求。在报告中会包括工艺参数、设备位号、阀门和仪表的位号，以及对事故情景的描述。这些内容应准确，未经核实的内容不能写进报告中。

HAZOP分析报告是给用户使用的，清晰表达才能避免用户误解。因此，对于事故情景的描述，可以不惜笔墨，将每一个环节都非常清楚地表达出来，一环扣一环，务求逻辑明晰。

工艺系统中名字相同的设备和阀门很多，为了便于表述、阅读和理解，在表述时应尽可能使用设备、阀门和仪表的位号。位号好似它们的身份证号码，具有唯一性！

二、建议项应该可以执行和度量

在写下建议项时，应该考虑它将会如何落实、怎么确认它的落实。因此，它们必须是可以执行和可以度量的。

例如，“提高员工的硫化氢安全意识”这样的建议项，就难以度量，也很难衡量它是否已经落实到位了。相反，“在新员工的入职培训材料中，增加硫化氢危害的培训内容”是可以执行和度量的建议项。

三、避免包含敏感信息

在开展HAZOP分析时，会深入讨论和理解工艺过程，极有可能涉及工艺技术的机密。在HAZOP分析报告发出后，很多不应该知道这些技术机密的人都可能会使用它。

在讨论过程中，根据企业保密的要求，通常应该坚持“只索取必须用到的信息资料”这一原则。

在编写分析报告时，应该特别留意不要将敏感信息写进报告中。例如，属于技术机密的工艺技术方案、关键参数、配方中的关键组分、需要保密的操作步骤等。如果必须写入涉及技术机密的内容，应该尽可能采用代码或模糊处理等方式，以防泄密给企业带来损失。例如，用数字代码代表某种技术敏感的化学品。又如，用“若干千克”代替具体的数量，这样模糊处理后，不影响分析工作（分析人员在分析讨论时，知道是多少千克），但可以防止该参数失密。

四、便于后续使用

在开车前安全审查等阶段，需要利用HAZOP分析报告，来确认所要求的安全措施是否已经完成。因此，最好使用SqHAZOP那样的工作表，将每一条现有措施和建议项分行列出，这样可以为后续的跟踪落实提供便利。

第五节　分析报告的存档

应该妥善保存HAZOP分析报告（包括书面存档）。鉴于国内化工企业过程安全管理实施导则（AQ/T 3034—2010）中要求的复审周期是3a，即每隔3a需要开展一次复审，因此至少应该将分析报告保存3a，最好保存6a（即两个复审的周期）。在美国，根据美国OSHA PSM的要求，应该将分析报告保存10a（OSHA PSM要求的复审周期是5a）。

至少应该将一份书面分析报告保存在企业的档案室，该报告中应该包括分析时所使用的P&ID图纸（在这些图纸上标出了各个节点）。在落实HAZOP分析的建议项时，如果新增补充资料，补充资料应该与此前的分析报告存放在一起，以便在下一次复审时更新此报告。

在HAZOP分析后，会更新P&ID图纸，形成新的版本。在落实工程措施一类的建议项时，经常需要修订P&ID图纸。有一种错误的做法，是用新版的P&ID图纸替换分析报告中原来所附的图纸，这样一来，就很难再读懂此报告。例如，在原来的P&ID图上有一个阀门，在HAZOP分析时建议取消它，在新版的P&ID图纸中它已经不再存在了，如果将新版P&ID图纸附在原来的分析报告中，用户（读者）在阅读这份报告时，再找不到上述阀门。

此外，充分利用HAZOP分析报告才能发挥它存在的意义。用户应该可以方便地获取和使用此分析报告，例如，有些企业会将一份书面的HAZOP分析报告放在中央控制室里，便于取用，是不错的方式。

第六节　本章小结

HAZOP分析报告是分析小组成员辛勤劳动的成果，应该善用它，发挥它应有的价值，特别重要的是，应根据分析报告及时落实所提出的建议项。

在编写分析报告时，应该确保内容准确、表达清晰，还应该包含必要的内容，具有较好的完整性。在分析报告中，要包括分析项目本身的说明和分析讨论的成果。项目本身的说明，主要包括分析工作的范围、HAZOP分析小组成员和完成项目的方法说明。分析讨论的成果主要是HAZOP分析工作表及其他附件。

此外，在编写分析报告时，需要特别留意保密事项。

分析报告应该妥善存档，便于日常使用和方便今后的复审。通常，分析报告的存档年限不应该少于过程危害分析复审的两个周期。

第八章 计算机辅助 HAZOP 分析

计算机应用在改变各行各业，要么改变甚至颠覆原有的模式，要么助力提升工作效率。就 HAZOP 分析而言，属于后者。HAZOP 分析的核心，是分析小组通过专业讨论识别事故情景和控制风险，暂时还没有软件可以代替讨论的过程。

HAZOP 分析过程很耗费时间，这正是软件可以助力的地方。好的软件可以节省工作时间，显著提高 HAZOP 分析的工作效率，为企业节约成本。软件还可以使分析过程更规范，也有助于提高分析工作的质量。

第一节 引 子

有一家企业的技术经理，解释为什么没有对工艺装置开展 HAZOP 分析时，他说原本计划开展分析工作，后来因为没有软件，就放弃了。这里有一种误解，认为没有软件就不能开展 HAZOP 分析。事实上，HAZOP 分析的根本出发点是识别工艺系统中的事故情景，并评估和管控风险，只要有必要的过程安全信息资料，分析小组只需要一支笔和纸张，就可以开展这项工作。

相反，另外也有一种极端的情形，就是彻底否定软件能发挥的作用，认为 HAZOP 分析就是召开分析讨论会，然后编制报告，完全得依靠分析小组成员，软件没有任何价值。

参加过 HAZOP 分析的人都知道，它是一个非常耗费时间的过程，如果能提高工作效率，就能为企业节约成本。合理利用软件，可以显著提高分析工作的效率。此外，好的分析软件还可以规范分析过程、确保基本的分析工作质量，更加方便地获取分析过程中所需要的资料，使讨论会议的记录更加规范。少数软件还有知识经验库，例如，本章下文中所介绍的 HAZOPkit® 软件，在分析过程中，它通过后台数据库引擎，为分析人员提供思考的线索，使分析过程变得更加容易，也更专业。

不同的 HAZOP 分析软件，设计的理念和出发点有所不同，因此，选择一款适合的 HAZOP 分析软件，并不是一件容易的事情。通常要从企业本身的需要、软件的功能、用户友好等方面做综合评估，才能做出合理的选择。

第二节 选择 HAZOP 分析软件

国、内外有一些 HAZOP 分析软件可供选择。最好的 HAZOP 分析软件是哪一款？最适合本企业的那一款软件才是最好的！因此，在选择 HAZOP 分析软件时，唯一的秘诀是反复比较，选出最能满足自己需要的那一款。

通常，可以从以下几个方面来了解一款 HAZOP 分析软件：

一、单机版还是网络版

有些 HAZOP 分析软件提供商只提供单机版，有些只提供网络版，有些则提供两种版本供用户选择。

单机版通常配备一个 U 盾，每次使用软件时，需要将 U 盾插在工作电脑上。它的优点是经济实惠（价格比网络版便宜），而且即插即用，不需要联网。缺点是在同一时间只能供一个小组使用，不能通过互联网共享文件和资料。

网络版是将软件安装在本企业的服务器上，或设置在互联网云端，用户输入用户名和账号，登录后即可使用。它的优点是可以数据共享，不同分析小组可以分享各自之前完成的 HAZOP 分析报告，可以跟踪落实所提出的建议项，而且多个小组可以同时使用。缺点是比单机版昂贵，在使用时需要连接互联网。

对于规模较小的企业，单机版就能满足需要。对于集团企业或规模较大的企业，购买网络版更合适。网络版的 HAZOP 分析软件要安装在本企业的服务器上，在决定购买网络版之前，要事先确认本企业是否有自己的服务器。

二、软件的语言（中文还是英文）

国外的 HAZOP 软件主要以英文版本为主。外资或合资企业通常购买英文版本的软件。

中、外专业人员的思维方式有些许差异。目前行业中的英文版 HAZOP 分析软件都是根据国外专业人员的使用习惯来开发的，因此，一些国内工程师并不喜欢，或不习惯它们的使用逻辑与风格。

对于大多数国内工程师而言，使用中文版分析软件的一大优点是可以消除语言上的障碍。国内软件提供商在开发此类软件时，主要以中国工程师为目标用户，开发出来的软件产品比较符合中国工程师的使用习惯。

三、满足业务需要的功能

HAZOP 分析软件是为分析工作服务的。满足业务需要是最要紧的。通常，分析软件至少应该具有以下基本功能：

（1）编辑功能　分析软件应该满足 HAZOP 分析讨论时的编辑需要，包括提取引导词、填写事故情景等。编辑页面应该用户友好、简洁明了，而且要有较好的编辑灵活性，有复制、查找等功能。

（2）满足个性化需要　分析软件应该满足一些个性化的使用要求。例如，用户应该可以自由选择引导词、可以对引导词列表进行增减和排序；又如，不同企业的风险矩阵表各异，软件应该允许用户个性化修订风险矩阵表。

（3）输出功能　分析软件应该满足用户必要的输出要求，例如输出成不同格式的文件，Word、Excel 和 PDF 等。

优秀的 HAZOP 分析软件，还有更多高阶功能，本章第三节以 HAZOPkit® 软件为例做了详细说明。

四、售后服务

HAZOP 分析软件是偶尔使用，但又是需要长期使用的一款软件。售后服务对于用好这款软件起到很重要的作用。售后服务至少包括两个方面，一是软件的及时更新升级，二是使用软件期间的技术支持。

由于计算机的操作系统经常会更新，因此 HAZOP 分析软件有必要随之及时更新，才能确保正常应用。分析软件本身也会不断完善，给用户带来更好的使用体验，因此有必要定期更新升级。

在使用期间，软件提供商应能及时协助和提供技术支持。例如，对于网络版 HAZOP 分析软件，由于用户更换服务器，或因其他原因导致分析软件不能使用，软件提供商应提供技术支持，以及时恢复使用。

总之，与其他应用软件类似，在使用 HAZOP 分析软件期间，软件提供商的售后服务是发挥其作用的重要保障。通常，软件提供商会按照软件的售价，每年收取 10%～20%不等的售后服务费。在选择分析软件时，不但要了解软件当前的情况，还要向软件提供商了解其所提供的售后服务。

第三节　HAZOPkit® 分析软件功能简介

HAZOPkit® 分析软件是一款优秀的国产 HAZOP 分析软件，被众多国内大学、安全研究机构、安全服务机构和企业所采用。

行业中大多数 HAZOP 分析软件只提供编辑方面的便利，用于记录分析讨论的内容，以提高工作效率。与之比较，HAZOPkit® 分析软件不但提供这些编辑功能，还吸取了数百个 HAZOP 分析项目的实际经验，构建了强大的后台数据库，是少有的知识引导型 HAZOP 分析软件。借助后台数据库的强大引擎，用户（特别是初学者）可以大幅提升分析工作的质量和效率。

这款软件的另一项重要特征，是除了开展定性分析外，应用它还可以开展融入保护层概念的半定量 HAZOP 分析。

本节对 HAZOPkit® 分析软件的基本功能做简要介绍，便于大家对这类软件应该具有的一些功能有初步的了解。

一、工作界面

根据 HAZOP 分析的特点，HAZOPkit® 软件提供了如图 8-1 所示的简洁工作界面。用户可以点击图标，进入 HAZOP 分析的各个环节，例如打开项目（或新建项目）、项目准备、节点划分、HAZOP 分析和输出报告等。

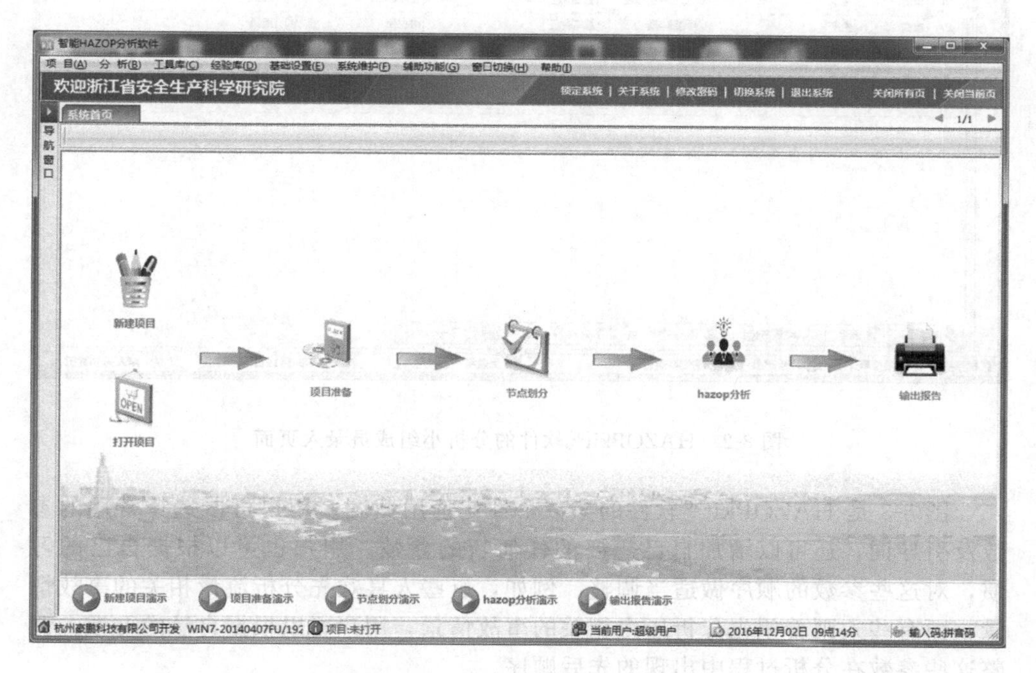

图 8-1　HAZOPkit® 软件的工作首页

二、项目准备

分析软件的一项基本作用，是引导用户按照正常的工作流程、按部就班地执行分析过程的各个环节。通过软件，可以有条不紊地完成项目准备工作，包括填写项目基本情况、填写分析小组成员、选择参数和引导词、个性化设置风险矩阵和分析工作表，此外，根据过程安全信息列表，检查 HAZOP 分析所需要的图纸文件是否已经具备。

图 8-2 是 HAZOPkit® 软件的分析小组成员录入界面，在此处录入后，以后对每个节点做分析时，可以直接勾选参加该节点的分析人员。

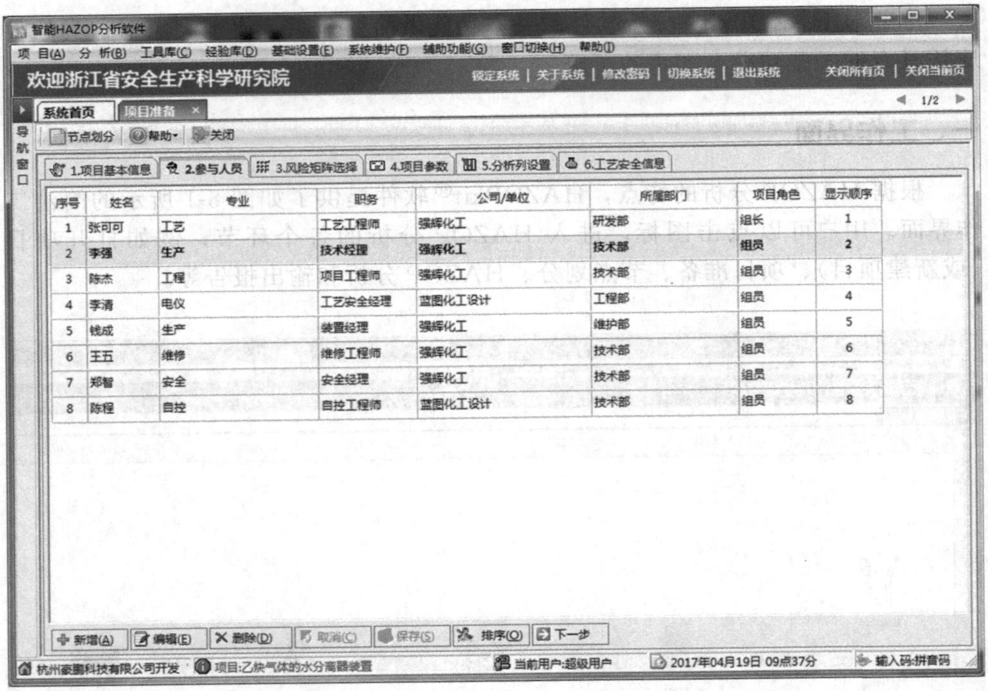

智能HAZOP分析软件
项 目(A) 分 析(B) 工具库(C) 经验库(D) 基础设置(E) 系统维护(F) 辅助功能(G) 窗口切换(H) 帮助(I)
欢迎浙江省安全生产科学研究院
锁定系统 | 关于系统 | 修改密码 | 切换系统 | 退出系统
关闭所有页 | 关闭当前页
系统首页 项目准备
1/2
导航窗口
节点划分 帮助 关闭
1.项目基本信息 2.参与人员 3.风险矩阵选择 4.项目参数 5.分析列设置 6.工艺安全信息
序号 姓名 专业 职务 公司/单位 所属部门 项目角色 显示顺序
1 张可可 工艺 工艺工程师 强辉化工 研发部 组长 1
2 李强 生产 技术经理 强辉化工 技术部 组员 2
3 陈杰 工程 项目工程师 强辉化工 技术部 组员 3
4 李清 电仪 工艺安全经理 蓝图化工设计 工程部 组员 4
5 钱成 生产 装置经理 强辉化工 维护部 组员 5
6 王五 维修 维修工程师 强辉化工 技术部 组员 6
7 郑智 安全 安全经理 强辉化工 技术部 组员 7
8 陈程 自控 自控工程师 蓝图化工设计 技术部 组员 8
新增(A) 编辑(E) 删除(D) 取消(C) 保存(S) 排序(O) 下一步
杭州豪鹏科技有限公司开发 项目:乙炔气体的水分离器装置 当前用户:超级用户 2017年04月19日 09点37分 输入码:拼音码

图 8-2 HAZOPkit® 软件的分析小组成员录入页面

图 8-3 是 HAZOPkit® 软件的参数个性化选用截图。用户可以选择常用的参数及引导词，还可以增加自己想要的任何新的参数。用户也可以根据自己的习惯，对这些参数的顺序做适当调整。例如，有些人喜欢先分析流量相关的事故情景，而有些人则希望先分析压力相关的事故情景，用户可以根据自己的习惯，调整这些参数在分析过程中出现的先后顺序。

HAZOPkit® 软件为用户提供了足够的灵活性，来选择分析方法和界面。如图 8-4 所示，用户可以选择定性的分析方法，也可以选择融入了保护层概念的半定量 HAZOP 分析方法。除了 HAZOP 分析方法外，对于某些项目，用户可能需要对其中部分低风险的工艺单元，采用其他简易的分析方法，例如 What-if 分析方法。因此，HAZOPkit® 软件还提供了 What-if 分析方法供用户选择。不同企业对于工作表格展现的方式也会有不同的要求，用户可以根据自己的需要，通过简单勾选，就可以确定分析工作页面将要包含的栏目（即 HAZOP 分析工作表中的各个列）。

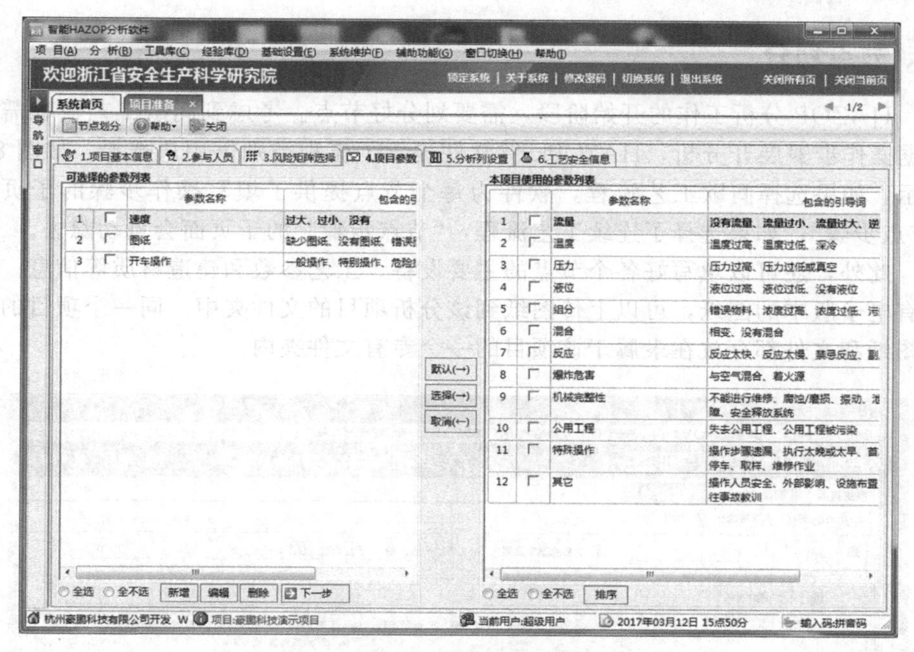

图 8-3 HAZOPkit® 软件的参数选择页面

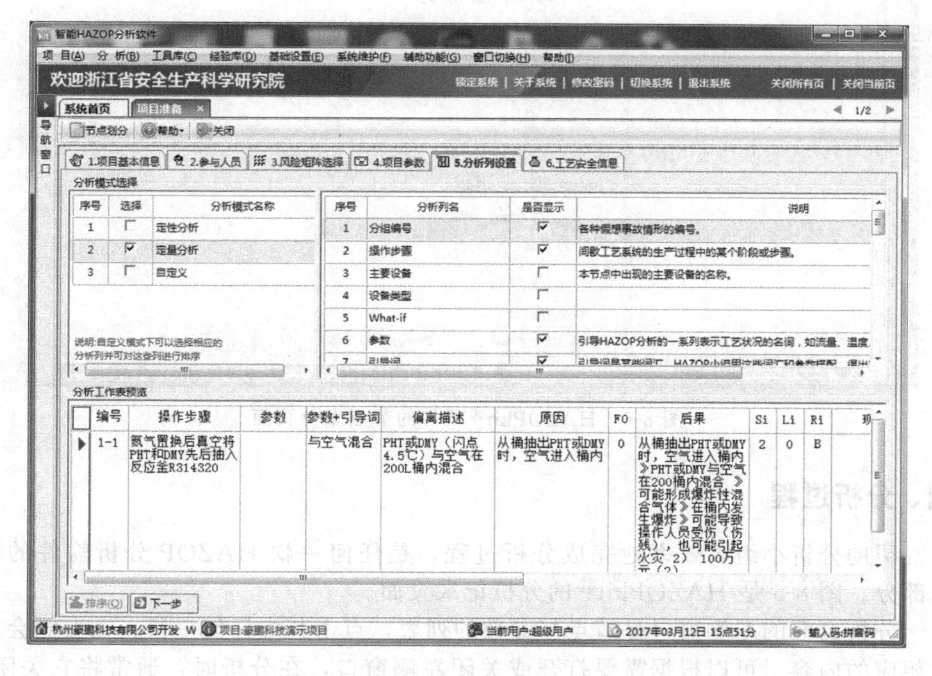

图 8-4 分析页面个性化选择的页面

三、节点划分

HAZOP 分析工作的开始阶段，需要划分好节点。考虑到间歇工艺流程需要根据操作步骤展开分析，HAZOPkit® 软件提供了流程类别供用户选择。如图 8-5 所示，如果选择间歇工艺流程，软件为每个节点提供了填写操作步骤的子页面“节点步骤”；如果选择了连续工艺流程，“节点步骤”的子页面会自动隐去。

此外，还可以填写好各个节点的主要设备、工艺参数和建造材质等信息。如果有电子版本的图纸，可以上传图纸到该分析项目的文件夹中，同一个项目的所有图纸和文件都存放在隶属于该项目的一个专有文件夹内。

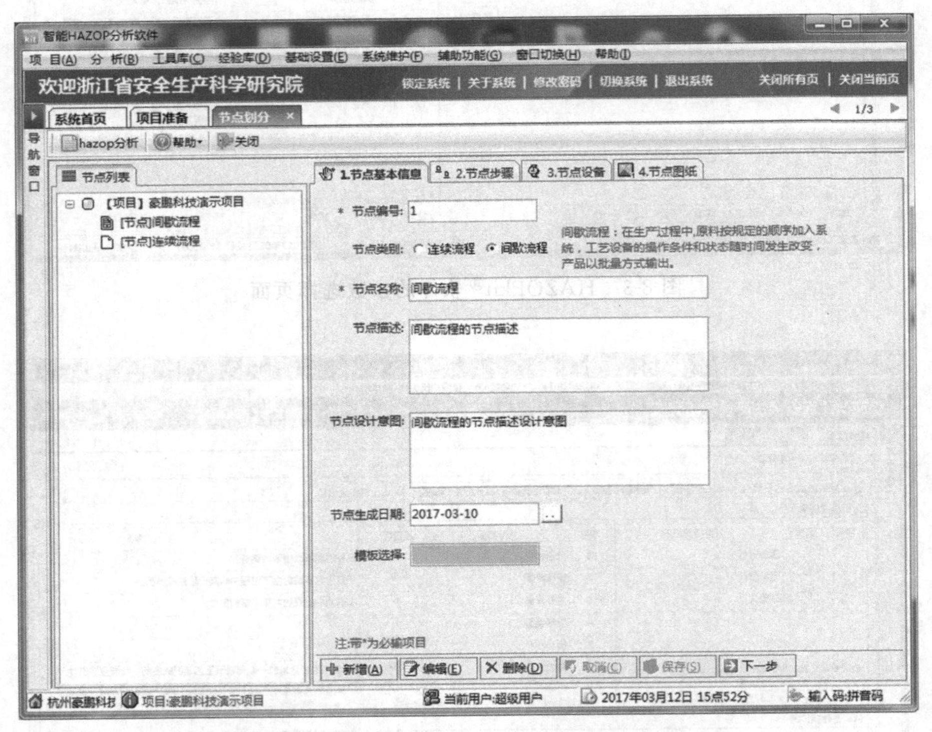

图 8-5　HAZOPkit® 软件的节点划分页面

四、分析过程

帮助分析小组高效率地完成分析过程，是任何一款 HAZOP 分析软件的核心部分。图 8-6 是 HAZOPkit® 的分析记录页面。

分析页面的左侧窗口是节点与参数的列表，点击其中任何一行，在右侧会显示相应的内容。可以根据需要打开或关闭左侧窗口，在分析时，通常将它关闭，让右侧的分析窗口更大一些。需要查看左侧窗口的内容时，可以点击弹出按钮，让它呈现出来。

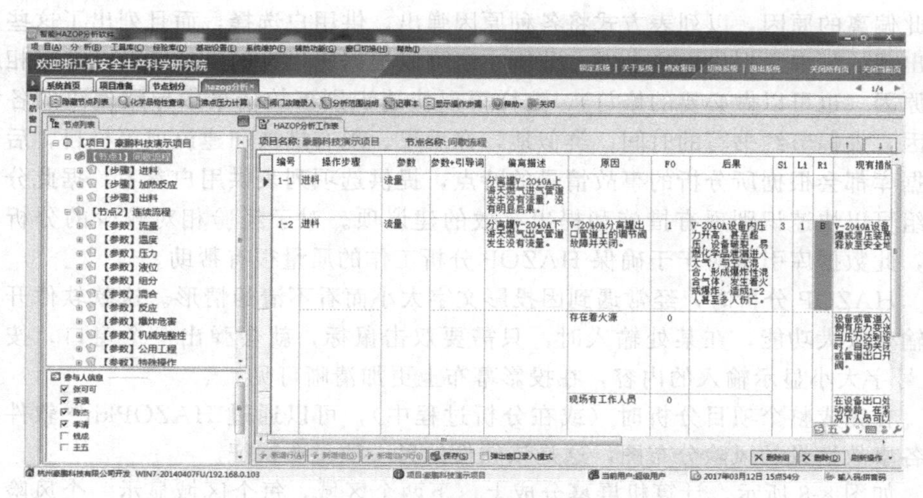

图 8-6　HAZOPkit® 软件的分析记录页面

HAZOPkit® 最主要的特征是提供了后台专业数据库引擎。如图 8-7 所示，

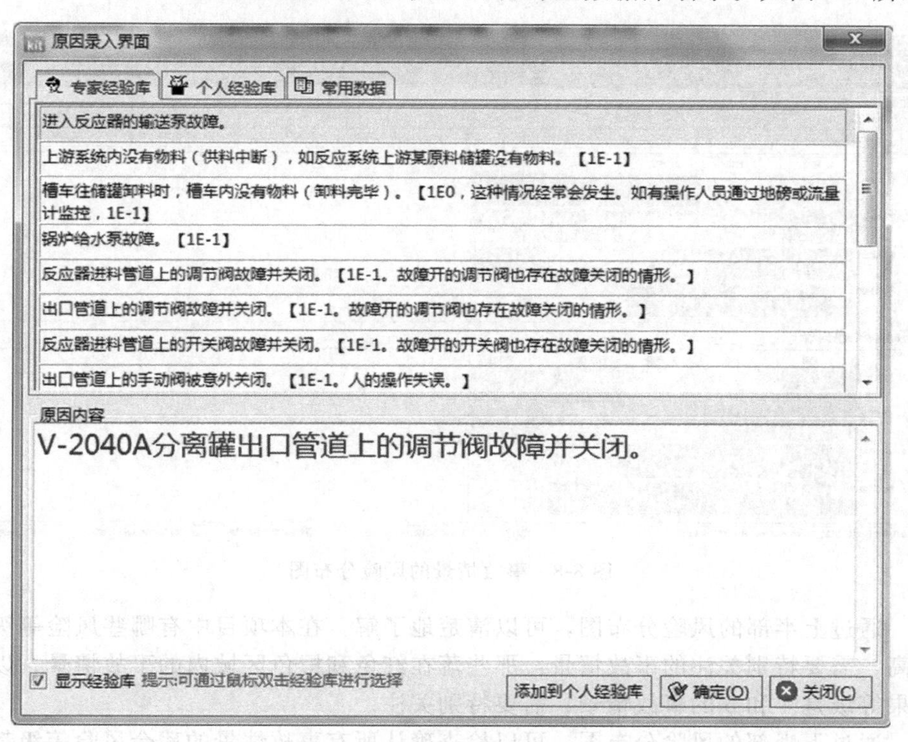

图 8-7　原因录入的页面

当用户列出某种偏离时（例如没有流量），在输入原因时，软件会提供常见的导致此偏离的原因，以列表方式将各种原因弹出，供用户选择，而且列出了这些原因出现的频率数据供用户参考。分析小组可以根据所讨论的事故情景，选择相应的原因（也可以做必要的修订），这样可以快速识别事故情景中导致偏离的各种原因，大幅节约书写的时间。类似地，在后果、现有措施和建议项等栏目，后台数据库都会根据所分析的事故情景的特点，提供选项列表供用户参考，据此分析小组可以快速识别现有措施和提出有效的建议项。对于经验相对较少的分析小组，此数据库引擎对于于确保 HAZOP 分析工作的质量很有帮助。

HAZOP 分析时，经常遇到因投影文字太小而看不清的情形。这款软件开发了输入放大功能，在某处输入时，只需要双击鼠标，就会弹出一个窗口，按照 24 号字大小显示输入的内容，在投影幕布上更加清晰可见。

在完成整个项目分析时（或在分析过程中），可以通过 HAZOPkit® 软件生成各事故情景的风险分布图，这是该软件的另一项重要特征。

如图 8-8 所示，计算机屏幕分成上、下两个区域，每个区域显示一个风险分布图。上半部是各事故情景当前的风险等级，下半部是落实了建议项之后的风险等级。

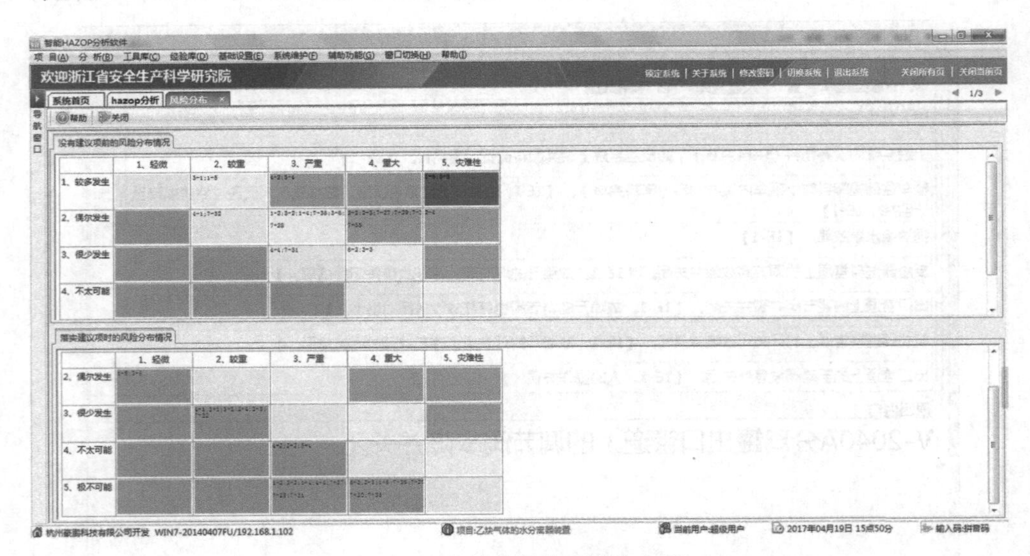

图 8-8　事故情景的风险分布图

通过上半部的风险分布图，可以清楚地了解，在本项目中有哪些风险等级特别高、需要特别关注的事故情景：那些落在红色和橙色区域内的事故情景，以及后果等级是 4 和 5 的事故情景，需要特别关注。

通过下半部的风险分布图，可以检查确认所有事故情景的残余风险等级都已经落在可接受风险的区域。如果发现有事故情景的残余风险还处在风险等级过高

的区域，则应该重新查看一下之前的分析内容，重新完善分析的内容。

五、辅助工具

在 HAZOP 分析期间，特别是精细化工行业的 HAZOP 分析过程中，经常需要查看一些危险化学品的危害特性。HAZOPkit® 软件中内嵌了一个化学品特性数据库，包含有 2200 多种化学品的资料，便于分析过程中随时查询。

用户可以通过填写化学品的中文名称或 CAS 号搜索出该化学品的危害特性资料。图 8-9 所示是化学品危害特性资料的查询结果示例。

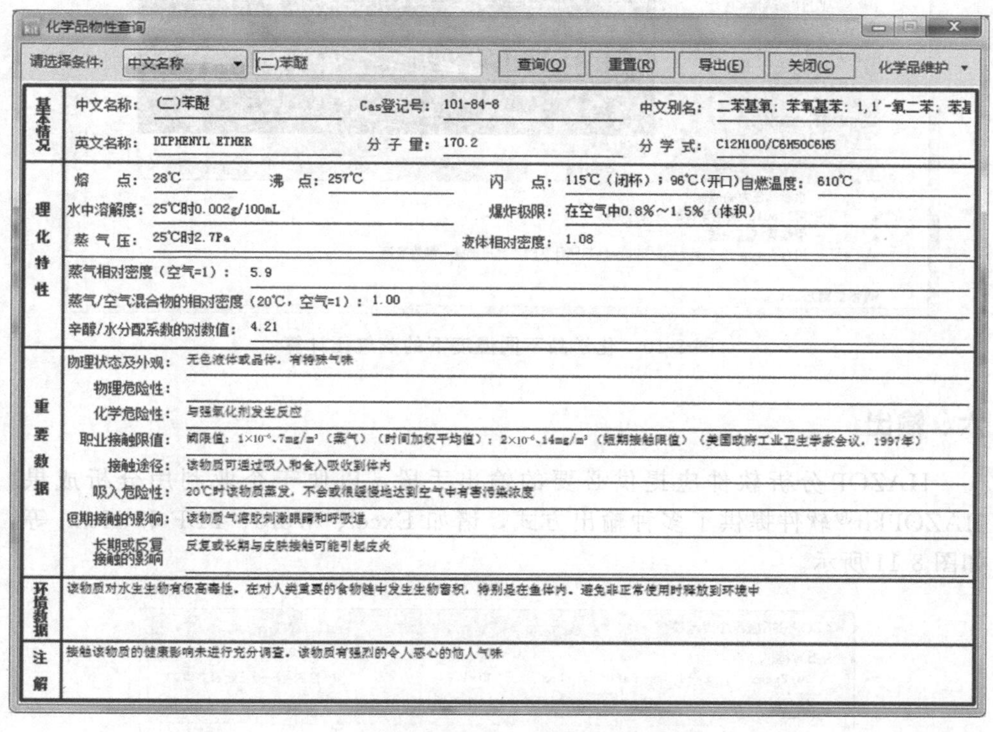

图 8-9　化学品危害特性资料查询结果举例

HAZOPkit® 软件还内嵌了一些其他便捷工具，以方便分析小组使用。例如，在分析过程中，有时需要了解操作温度下工艺设备中的压力，而 MSDS 文件中通常只提供 20～25℃时化学品的饱和蒸气压。

为了快速知道当前操作温度下的饱和蒸气压，HAZOPkit® 软件内嵌了一个沸点压力计算工具，如图 8-10 所示，可以通过输入初始状态的温度和蒸气压力（20～25℃时化学品的饱和蒸气压），计算出当前工况温度下的饱和蒸气压。

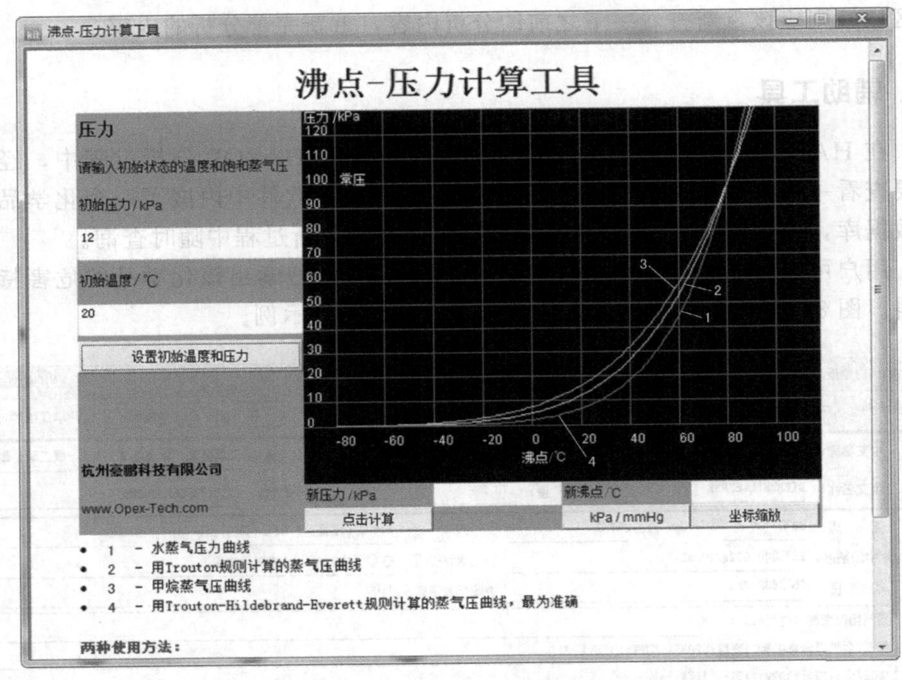

图 8-10　化学品不同温度下的蒸气压计算

六、输出

HAZOP 分析软件应提供必要的输出手段，以便于企业利用分析成果。HAZOPkit® 软件提供了多种输出方式，诸如 Excel、Word、PDF 和 Html 等，如图 8-11 所示。

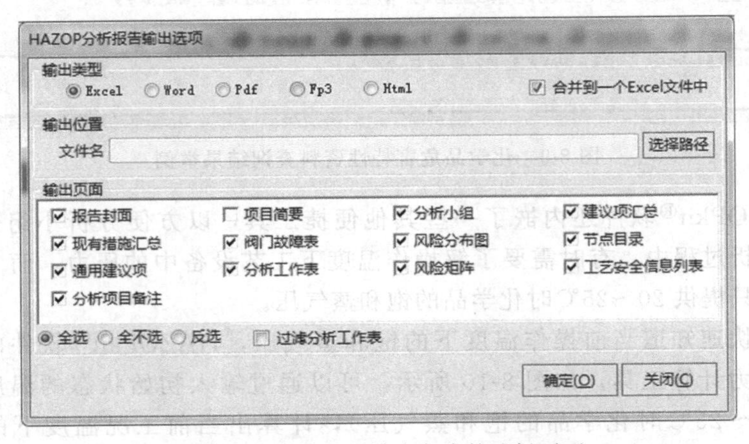

图 8-11　分析报告输出方式的选择页面

此外，用户还可以通过简单勾选，选择性地输出自己所需要的内容。

七、跟踪建议项

HAZOPkit® 软件具有建议项汇总功能和跟踪功能。

如图 8-12 所示。可以对每一条建议项指定负责人，并安排完成日期。对于网络版软件，此项功能很有帮助；对于单机版，它的作用有限，因为单机版没有用户之间的交流渠道。

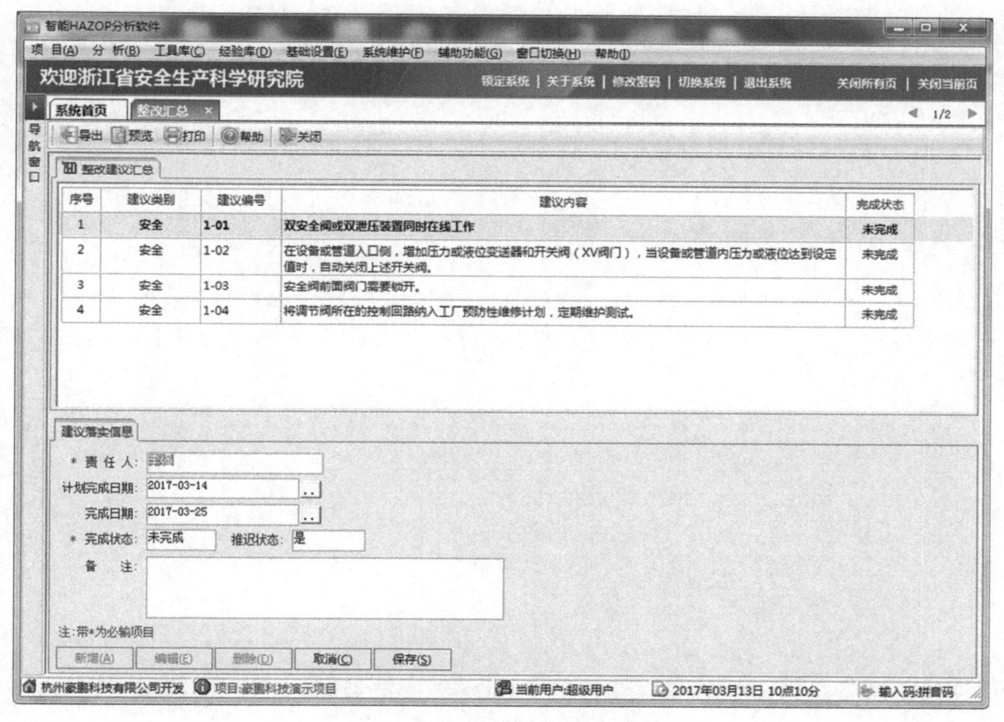

图 8-12　建议项跟踪页面

第四节　本 章 小 结

HAZOP 分析软件可以提高分析工作的效率和质量，使分析过程更加完整和规范。

在选择 HAZOP 分析软件时，要从企业本身的需要、软件的功能、用户友好和售后服务等方面做综合评估。选择到满意的软件的秘诀，是反复对市场上可以选购的软件进行仔细比较。满足自身需要的那一款软件，才是最佳的选择。

本章介绍了行业中主流的HAZOP分析软件（HAZOPkit®软件）的基本情况，据此我们可以了解HAZOP分析软件应该具有的一些基本功能，在选择HAZOP分析软件时，可以作为参考。

好的分析软件是很有用的工具，能提供工作上的便利、提高工作效率。分析软件是辅助的工具，它们不能自动完成HAZOP分析（行业中不存在能自动完成HAZOP分析的软件），HAZOP分析的重心终究还是分析小组所展开的深入的讨论与分析。

第九章　HAZOP分析的补充

开展HAZOP分析时，主要是参考工艺系统的P&ID图纸。P&ID图纸反映工艺系统中各组件之间的逻辑关系，但表达不出它们之间的物理位置关系。因此，很难通过HAZOP分析来识别空间位置关系所带来的危害。

类似地，虽然在HAZOP分析过程中，涉及一些人为因素相关的讨论，这些讨论比较表浅，难以完全消除人为因素相关的危害。

因此，对工艺系统开展过程危害分析时，除了HAZOP分析外，良好的实践是在此基础上补充开展设施布置分析和人为因素分析。

第一节　引　　子

2004年7月，美国一家化工厂发生了液氯泄漏。该工厂的液氯冷却器发生了穿孔，液氯泄漏到大气中。工厂工艺区域和中央控制室内的操作人员都遭受了暴露伤害，有七人受伤。氯气进入了中央控制室，并且腐蚀了里面的工艺控制系统。

按照设计意图，该中央控制室也是短时间的应急避难所。当发生液氯泄漏时，操作人员可以短期停留在控制室内，并在其中完成紧急停车等应急操作。

本次事故发生时，操作人员发现，中央控制室内氯气浓度过高，不能在其中躲避和执行应急操作。事故调查发现，发生泄漏的液氯系统邻近中央控制室的空调系统（如图9-1所示），空调系统的风管上有缝隙和小孔，泄漏的液氯气化成氯气后，氯气经由这些风管上的缝隙和小孔进入了中央控制室。因此，中央控制室失去了作为应急避难所的功能。

HAZOP分析主要是利用P&ID图纸，识别工艺系统中可能存在的异常工况及因此导致的事故情景。P&ID图纸反映工艺设备和部件之间的逻辑关系（上下游的顺序关系），但表达不出它们安装后的空间位置关系，也不能反映装置区域内及附近的建筑物的情况。因此，很难通过HAZOP分析来识别工艺设备和建筑物因空间位置关系所带来的危害。在上述事故中，空调系统和液氯系统布置在

图 9-1　中央控制室的空调系统邻近液氯系统

同一区域并相互影响的问题，很难通过 HAZOP 分析来识别和解决。工厂平面布置图、设备布置图和管道布置图等才能反映出不同设备、管道和建筑物之间的空间位置关系。因此，为了弥补 HAZOP 分析在这方面的不足，通常在完成 HAZOP 分析后，参考工厂平面布置图等资料，补充开展设施布置分析，目的是消除设施布置相关的严重过程安全事故。

类似地，在 HAZOP 分析过程中，虽然涉及一些人为因素相关的讨论，例如，会考虑人员操作失误所导致的事故情景，但是，这些讨论比较表浅，较少深入分析导致人员操作失误的因素及应急操作的过程和要求，难以完全消除人为因素相关的危害。为了弥补 HAZOP 分析在这方面的不足，在 HAZOP 分析后，可以补充开展人为因素分析。

本章将简单介绍设施布置分析和人为因素分析的一些做法与实践。

第二节　设施布置分析方法及实践

一、设施布置分析的任务

设施布置分析涉及的范围比较广泛，例如，工厂范围内的工艺单元与设备的布置、建筑物的布置、管廊与道路的设置、槽车在工厂内的穿行与停靠等。在完成 HAZOP 分析时，通常可以参考检查表（请参考本书附录 7，设施布置分析检查表），对设施布置做简单的分析与讨论，必要时提出改进的建议项。

随着化工等流程工业的发展，特别是自动化技术的应用，工艺装置越来越集约化，操作人员通常集中在同一处建筑物内工作。当工艺事故发生时，特别是爆炸事故发生时，处于爆炸影响范围以内的建筑物里的人员，可能遭受灾难性的伤亡。保护这些受影响的建筑物内的人员，防止他们在事故发生时遭受严重伤亡，是设施布置分析的核心任务。合理的设施布置应该确保室内人员在爆炸发生时没有生命危险，给他们创造安全撤离的机会。

合理的建筑物的布置应该考虑以下原则：

(1) 尽可能统筹考虑安全和生产效率的合理平衡，将人员高占用率的建筑物设在远离工艺区域的地方（此处的工艺区域是指存在较大危害的工艺生产区，下同）。

(2) 在工艺区域内的建筑物，尽可能减少人员常驻。

(3) 对于工艺区域内有人常驻的建筑物，应该从设计、建造、维护（含变更）等方面入手，保护建筑物内人员免遭爆炸、火灾和有毒物泄漏等导致的伤亡。

在开展设施布置分析时，除了采用附录 7 的检查表进行简单分析外，还可以开展更加深入的分析，重点分析高占用率建筑物的当前布置及其可能遭受的潜在影响。必要时对这些建筑物的位置和设计做些许调整，当爆炸等事故意外发生时，确保其中的人员安全。本章将重点讲述这种深入分析的基本方法。

二、设施布置分析的过程

设施布置分析通常需要参考工厂的总平面布置图。它的工作步骤如图 9-2 所示。

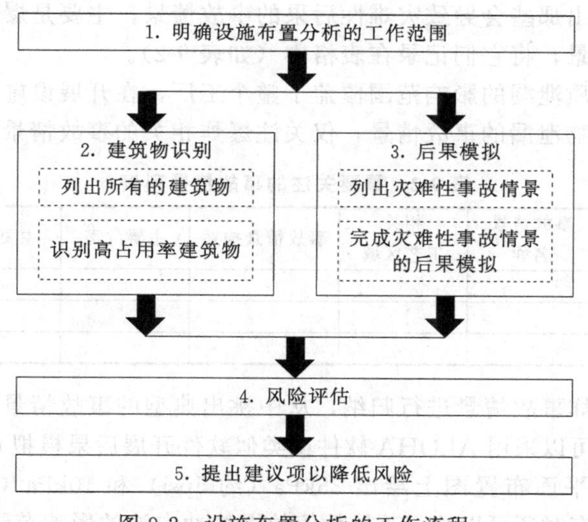

图 9-2 设施布置分析的工作流程

1. 明确设施布置分析的工作范围

在开展设施布置分析之前，首先需要明确工作范围。如果是新投资的项目，通常应该包括整个项目所覆盖的区域。如果是改、扩建项目，一般只对改、扩建的部分开展分析。但是，对于改扩建项目，需要考虑变更后对现有建筑物的影响，以及变更后的工艺系统对新建的建筑物的影响（如果有新建的建筑物）。

在分析报告中，对于分析工作的范围应该有清晰的定义。较好的做法，是用红色笔在工厂平面图上标出设施布置分析的工作范围。

2. 建筑物识别

根据工厂平面布置图，列出所有的建筑物，如表 9-1 所示。在此表中，列出所有有人占用的建筑物、建筑物的结构情况、建筑物的用途，还要计算出建筑物的人员占用率（每周占用的人小时数）。通常将占用率达到或超过 400 人·h/周的建筑物列为高占用率的建筑物，它们是开展设施布置分析的重点对象。

表 9-1　工厂建筑物列表

序号	建筑物名称	建筑物结构（框架/砖混）	建筑物用途	建筑物占用率/（人·h/周）	备注
1	中央控制室	框架结构	安装工艺控制系统，供操作人员使用	672	4 人×24h×7 天，总有 4 人在其中
2	保安室	砖混结构	保安人员使用	168	1 人×24h×7 天，总有 1 人在其中
3	…	…	…	…	…
4	…	…	…	…	

3. 后果模拟

在这个阶段，首先需要列出值得关心的主要事故情景。可以根据 HAZOP 分析的结果，列出那些会导致灾难性后果的事故情景，主要是爆炸事故情景和有毒物质泄漏的情景，将它们记录在表格中（如表 9-2）。

如果有毒物质泄漏的影响范围覆盖了整个工厂，在开展设施布置分析时，可以忽略这些有毒物泄漏的事故情景，仅关注爆炸相关的事故情景。

表 9-2　需要关注的事故情景列表

序号	事故情景编号	事故情景名称	相关工艺区域	事故情景描述	主要危害	主要后果	备注
1							
2							
3							

对列出的爆炸事故情景进行归纳，从中挑出典型的事故情景，并开展爆炸后果分析（例如，可以采用 ALOHA 软件或类似软件开展后果模拟）。根据后果模拟的结果，在工厂平面布置图上绘出 35kPa（约 5psi）和 10kPa（约 1.5psi）冲击波的影响范围，有时还可以绘出其他数值的爆炸冲击波的影响范围。图 9-3 所示，

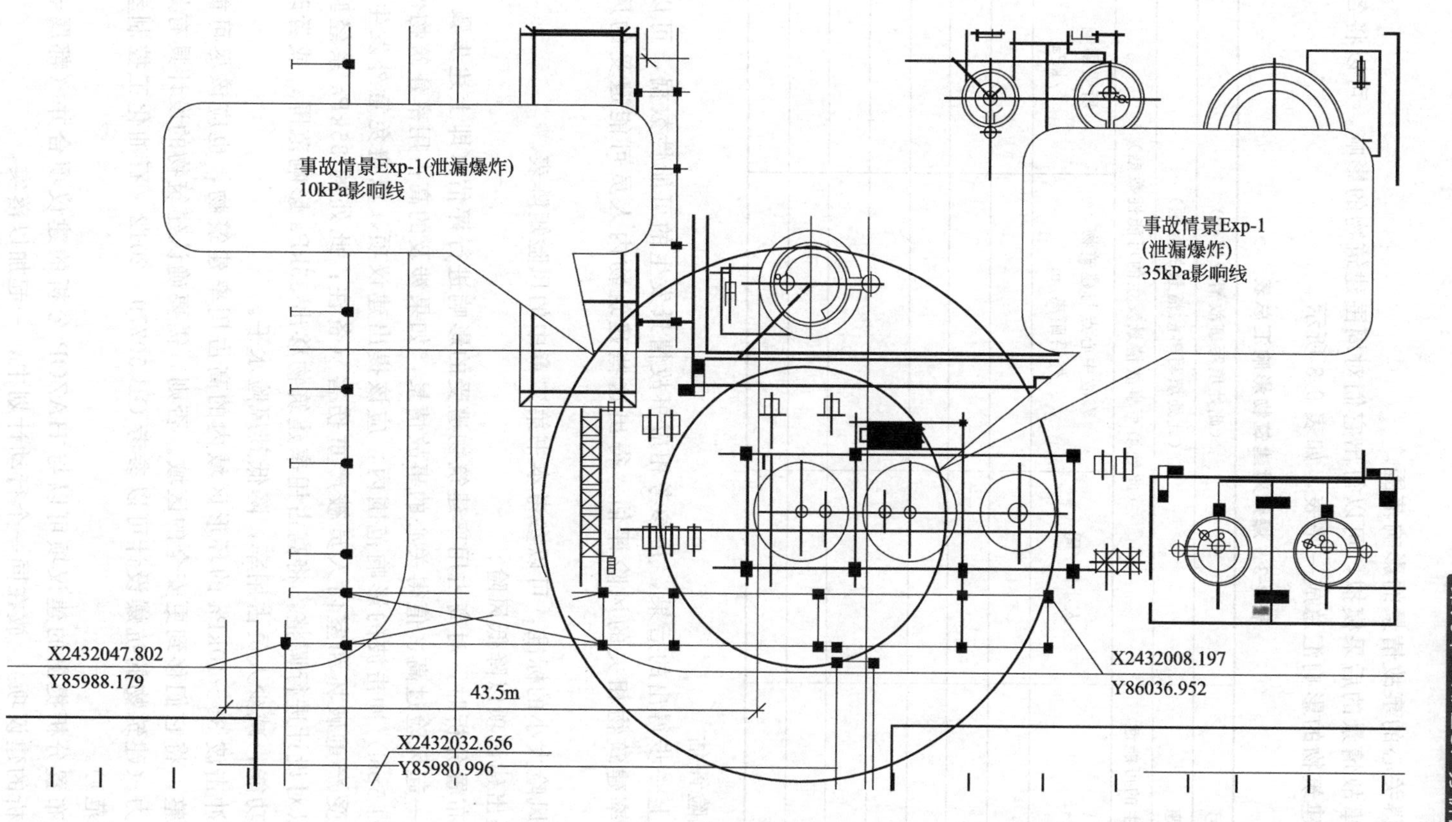

图 9-3　事故情景的后果影响范围举例

是一种值得关心的事故情景的影响范围。

根据事故情景的后果模拟，可以得出它们对周围建筑物的影响。可以将各事故情景对建筑物的影响汇总成一张表，如表 9-3 所示。

表 9-3　爆炸对建筑物影响汇总表

事故情景编号	（此处填写事故情景编号）		
事故情景标题	（此处填写事故情景的标题）		
事故情景发生的可能性	（此处填写事故情景发生的可能性数据）		
建筑物名称	人小时/周	事故中心点与建筑物外沿距离/m	所受影响/kPa
行政大楼			
中央控制室			
分析化验室			
维修间			
装桶间			
化学品仓库			
保安室			

4. 风险评估

根据上一步得出的后果，并参考相应事故情景发生的可能性数据，可以完成高占有率建筑物相关的风险评估，得出这些建筑物内人员可能遭受的风险大小。

衡量风险大小的标准，可以参考本书第二章中的风险矩阵表。

5. 提出建议项以降低风险

设施布置分析时，对高占用率建筑物遭受的影响进行评估（即上述步骤 4）。对于任何一起风险过高、值得关心的事故情景，如果涉及的高占用率建筑物位于 35kPa（约 5psi）冲击波的影响范围内，应该提出建议项，以避免意外发生时，建筑物遭受严重破坏和室内人员被严重伤害（备注：此处的 35kPa 系经验数据）。可以对设计进行调整，将高占用率建筑物移出 35kPa 影响范围；或者改变建筑物的功能，减少人员占用率，降低其风险水平。

落在冲击波 35～10kPa 的环形区域内的高占用率建筑物，也应该尽可能做必要的调整，将它们移到更安全的区域。否则，需要确认建筑物的设计具有足够的抗爆能力（建筑物的抗爆设计可以参考 GB 50779—2012《石油化工控制室抗爆设计规范》）。

设施布置分析提出的建议项可以与 HAZOP 分析的建议项合并（都属于过程危害分析的建议项），放在同一个行动计划中，一起加以落实。

第三节　人为因素分析

一、人为因素分析的任务

HAZOP 分析时，可以在每个节点的讨论中，运用“人为因素”这个引导词对本节点人为因素相关的事故情景进行讨论。

或者，也可以参考本书附录 8 中的人为因素分析检查表，对人为因素做粗略的分析，提出必要的改进建议项。

二、工艺报警的分析

在人为因素中，工艺报警是一个特殊的专题。过多的报警会干扰操作人员对重要报警的响应。基本原则是只设置必要的报警，而且关键报警应该易于识别。

对于自动化程度较高的工艺系统，可以开展专项工艺报警分析。这项分析可以由 HAZOP 分析小组来完成。

分析小组根据工艺系统的报警列表，参考 P&ID 图纸和工艺系统的联锁因果图，对每一个报警展开分析讨论，将讨论的结论记录在工作表格中，如表 9-4 所示。

报警的分析还包括对紧急按钮的分析，目的是确认操作人员能方便地靠近和触发报警按钮，必要时，还可以增设报警按钮。报警按钮的分析，可以记录在表 9-5 所示的表格中。

表 9-4　报警分析工作表

序号	工艺区域	关联设备	位号	P&ID 图纸	报警描述	当前报警等级	重要性	故障时导致的危害	后果形成所需时间	是否加入关键仪表清单	要求操作人员作出的响应	建议项	备注
1													
2													
3													

表 9-5　报警按钮分析工作表

序号	工艺区域	关联设备	位号或名称	P&ID 图纸	报警按钮描述	重要性	故障时导致的危害	后果形成所需时间	操作人员能否方便靠近	要求操作人员作出的响应	建议项	备注
1												
2												
3												

第四节　本 章 小 结

HAZOP分析仅限于工艺系统本身，设施布置分析和人为因素分析是对HAZOP分析的有益补充，也是过程危害分析的重要组成部分。

通过设施布置分析，可以识别出高占用率建筑物，通过改变建筑物的位置或完善建筑物本身的设计，保护建筑物内的人员免遭爆炸事故伤害，避免出现灾难性的后果。

对于新建项目，设施布置分析的意义尤其重大，通过它可以在设计阶段减少建筑物内人员的风险，避免意外发生时，造成灾难性的人员伤亡事故。

设施布置分析分成五个基本阶段，分别是确定工作范围、识别高占有率建筑物、后果模拟、风险评估和提出建议项以降低风险。

通过人为因素分析，可以帮助操作人员减少犯错误的机会。对工艺系统的报警进行分析，可以优化报警设置，减少不必要的报警和突出关键的报警。

对报警按钮进行分析，可以确保操作人员在紧急情况下能靠近报警按钮，及时按下报警按钮，完成应急操作。有时，需要增设必要的报警按钮。

第十章　过程危害分析复审

工艺系统在日常运行过程中，会经历变更，企业的过程危害分析制度（包括风险标准）有时也会做调整。因此，有必要定期对所完成的过程危害分析开展复审，使之满足工厂当前消除或控制过程危害的需要。

对于工艺流程装置，通常情况下，HAZOP 分析是过程危害分析的主要部分，过程危害分析复审的主要工作是对此前完成的 HAZOP 分析进行审查，形成新的分析报告（即复审报告）。

此外，复审还要完成一些其他任务，例如系统审查以往的变更、重新开展设施布置分析和回顾相关的事故等。

第一节　引　　子

据《化工企业工艺安全管理实施导则》（AQ/T 3034—2010），企业应每三年对此前完成的过程危害分析重新进行有效性确认（即复审）和更新；涉及剧毒化学品的工艺，可结合法规对现役装置评价要求的频次进行复审。

类似地，美国 OSHA PSM 法规要求每五年对此前完成的过程危害分析进行复审。

企业的过程危害分析管理制度经过若干年，有时会做适当修订，以满足法规的要求。企业还需要效仿最新的行业最佳实践、吸取行业或本企业过去数年中典型事故的教训，以及消除变更可能带来的事故隐患，这些任务都可以通过过程危害分析复审来落实。

不同的企业，开展过程危害分析复审的方法通常略有不同。有些企业选择重新开展过程危害分析，以此代替复审。有些企业则是在此前完成的过程危害分析工作的基础上，对其有效性进行系统的确认，必要时进行补充和修订，使过程危害分析反映当前消除与控制危害的要求。

通常，在过程危害分析复审期间，需要完成以下几项任务：

（1）回顾前一次 HAZOP 分析的报告（如果此前是采用其他方法做的分析，

例如是采用 What-if 方法做的分析，则对 What-if 分析报告做回顾）。

（2）审查工艺变更。

（3）回顾过程安全事故。

（4）重新开展设施布置分析和人为因素分析。

（5）检查法规符合性。

（6）编制过程危害分析复审报告。

第二节　过程危害分析复审的实践

过程危害分析复审与全新的过程危害分析有相似之处，但也略有区别。在开展过程危害分析复审之前，需要明确工作任务的内容，然后按照正常过程危害分析那样严格地逐项讨论和回顾，方能发挥它应有的作用。

过程危害分析复审由一个分析小组来完成。分析小组的组建方式与 HAZOP 分析小组相同。小组成员需要根据相关的过程安全信息，面对面召开分析讨论会议，会议中做好记录，会后形成正式的分析报告，即复审报告。过程危害分析复审通常包括下列几项任务：

一、任务-1　回顾上次 HAZOP 分析报告

在开展此任务前，分析小组先要明确，是对工艺系统重新开展 HAZOP 分析，还是仅仅对此前完成的分析做回顾。

通常，以下两种情况下，企业会考虑重新开展 HAZOP 分析。一是自上次 HAZOP 分析以来，工艺系统发生了很多变更。一是在项目建设阶段，开展过多次 HAZOP 分析，形成了若干版本的 HAZOP 分析报告，这些报告之间相互引用，后一版本的报告频繁参考、引用前一版报告中的内容，使用起来很不方便。

反之，如果在过去数年中，工艺系统的变化很少，则仅需对上一次的分析报告进行回顾。重点是对此前完成的 HAZOP 分析报告中的建议项进行回顾，查看建议项的完成情况，在形成新版 HAZOP 分析报告时，将已经完成的建议项移到现有措施栏目中；对于未完成的建议项，或者采用替代方案完成了的建议项，应该再次审查，必要时提出新的建议项。

二、任务-2　审查工艺变更

此任务的重点是回顾、审查上一次 HAZOP 分析之后的所有工艺变更，必要时为这些变更增补 HAZOP 分析，并作为新版复审分析报告的组成部分。

在此前变更工艺系统期间，尽管也对变更部分开展了过程危害分析，但它们

通常只是专注于变更本身，缺乏全局的、系统性的评估，这是在复审期间对所有变更重新进行回顾的重要原因。

在回顾以往的工艺变更时，可以对 HAZOP 分析报告做局部修订，将变更部分的 HAZOP 分析增补到复审报告中。如果变更中 P&ID 图纸发生了改变，要在分析报告中附上新版 P&ID 图纸，并标出相应的节点。

三、任务-3 回顾过程安全事故

在上一次 HAZOP 分析之后，企业可能发生过过程安全事故，或出现过严重的未遂事故（也称险兆事故）；类似行业中，也可能发生过一些受行业关注的过程安全事故。

此任务是对上述事故进行回顾和审核。对于本企业发生过的过程安全事故或严重的未遂事故，确认事故原因已经查清、提出的整改措施已经落实。对于行业中发生过的典型过程安全事故，了解其发生的原因（主要是直接原因），检查本企业是否存在类似的危害，如果存在，应检查工艺系统的设计、生产运行和维护情况，必要时提出针对性的建议项，以消除类似事故的隐患。

在开展这项任务之前，需要事先安排人员收集、汇总和筛选本企业和行业中过去数年中发生的过程安全事故，列出各事故的基本情况和原因，便于分析时使用。

四、任务-4 重新开展设施布置分析和人为因素分析

在以往数年中，设施布置和人为因素这两个方面可能发生了改变。例如，工厂某处增设了涉及危险化学品的建筑物或工艺单元，或者增设了人员较集中的场所。这些变化会带来某些影响，甚至形成安全隐患，在复审阶段需要重新开展设施布置分析。

类似地，上次过程危害分析之后，可能将关键阀门的位置做了调整、修订了操作方法、增加或改变了工艺系统的报警设置，因而需要重新开展人为因素分析。

在复审阶段，对于这两项工作，可以参考本书附录 7 和附录 8 中的检查表，先做初步分析。如果工艺系统发生了明显的变更，特别是初步分析发现这些变更引入了新的工艺单元、增加了新的高占用率建筑物、引入了危险性高的化学品等，则有必要就新增部分补充开展后果分析和风险评估。

这两项分析工作的记录，也是过程危害分析复审报告的组成部分。

五、任务-5 检查法规符合性

过程危害分析复审的另一个目的，是确保过程危害分析满足最新法规与标准

的要求。在过去数年中，过程安全相关的法规可能有所更新，或颁布了新的法规；本企业的过程危害分析标准也可能做了修订。复审期间，要对这些法规、标准和本企业制度的变化进行梳理，将它们反映在过程危害分析中。

例如，对于涉及危险反应过程的企业，以往开展HAZOP时，缺少反应相关的资料，对于反应机理不够了解，仅根据定性的经验来完成分析。根据新的规定（企业本身也可能对此提出更高的要求），应完成反应热的测试，将测得的反应热相关数据应用到过程危害分析中，使分析工作更具理论依据，消除反应危害带来的事故隐患。

在开展这项任务前，需要安排人收集、汇总过去数年中新增和更新的相关法规及标准。在复审期间，逐条检查这些新的法规和标准要求，如果发现有不符合项，应提出建议项，以满足这些新的要求。

六、任务-6　形成复审报告

在完成以上五项任务后，最后是形成正式的过程危害分析复审报告。复审报告中要包括以上各项任务的相关记录、图纸和文件。

过程危害分析复审报告的存档要求与首次过程危害分析报告的存档要求相同，通常应该保存最近两次的复审报告。

据《化工企业工艺安全管理实施导则》（AQ/T 3034—2010），企业每隔三年需要开展一次过程危害分析复审（美国OSHA PSM要求每隔五年复审一次），对于规模较大、有多套工艺装置的企业，这在时间上是较大的挑战。

试想，如果某企业有十套工艺装置，在过程危害分析完成后的下一个第三年，需要完成这十套工艺装置的复审，在这一年中，需要完成的工作量非常大（评估工作日较多）。为了满足复审在时间上的要求，又避免集中工作所带来的压力，在安排第一次复审时，宜编制滚动的复审计划。某些工艺装置可以提前一两年就开展复审，甚至在工艺装置投产后的第一年，就逐步开展各装置的复审工作，将复审工作分布在各个年度，这样可以避免将复审任务集中在第三年，导致不能按期完成复审任务，或任务过于集中带来太大的压力。

在安排复审计划时，除了时间因素外，还需要综合考虑人力资源、工艺装置的危险程度、上次过程危害分析以来装置经历的变化、预算和图纸文件等因素。

第三节　本章小结

过程危害分析复审是企业过程安全管理的重要组成部分。它的目的是确保上一次过程危害分析以来，不增加新的危害、且满足法规和标准的最新要求，它是保障工艺系统长期安全运行的重要环节，与初次过程危害分析具有同等的重要性。

复审工作不仅包括对上一次 HAZOP 分析的审查，还要审查工艺变更、回顾过程安全事故、检查法规符合性以满足法规和标准的新要求，并重新开展设施布置分析和人为因素分析。

每隔三年开展一次过程危害分析复审，对于企业是一项较大的挑战，需要事先做好复审计划，安排足够的资源（包括人力资源、文件图纸和资金预算等），才能按期、按质完成复审工作。

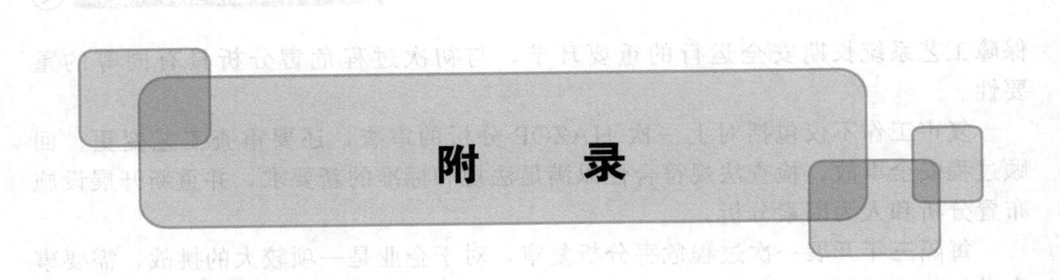

附录1 HAZOP分析参数与引导词矩阵表

参数		引导词						
		没有 No	过少 Less	过多 More	额外 As Well As	不完整 Part Of	相反 Reverse	其他 Other Than
基本参数	流量	没有流量	流量过小	流量过大	错流向		逆流	
	温度		温度过低	温度过高		深冷		
	压力	真空	压力过低	压力过高				
	液位	没有液位	液位过低	液位过高				
	组分		浓度过低	浓度过高	污染物			错误物料
辅助参数	相	没有混合			多余相	相缺失	异常相变	
	反应	反应没有发生	反应过慢	反应过快	副反应		逆反应	意外反应
	火灾与爆炸预防				与空气混合			引火源
	机械完整性	不能维修	缺失维护	安全释放	异常振动	腐蚀或磨损	泄漏	关键仪表
	公用工程	失去公用工程			公用工程被污染			
	非常规操作	步骤遗漏	执行太晚	执行太早	开停车	首次投产	维修作业	取样
	人为因素					人为因素		
	现场设施				设施布置			
	人员安全	操作人员安全						
	外部影响				外力影响			异常气候
	装置界面				装置界面			
	以往事故				事故教训			

附录2 风险矩阵表（举例）

频率(概率)		后果				
		1. 轻微	2. 较重	3. 严重	4. 重大	5. 灾难性
1. 较多发生	10年1次(1×10^{-1}/a)	D	C	B	B	A
2. 偶尔发生	100年1次(1×10^{-2}/a)	E	D	C	B	B

续表

频率(概率)		后果				
		1. 轻微	2. 较重	3. 严重	4. 重大	5. 灾难性
3. 很少发生	1000 年 1 次(1×10^{-3}/a)	E	E	D	C	B
4. 不太可能	10000 年 1 次(1×10^{-4}/a)	E	E	E	D	C
5. 极不可能	100000 年 1 次(1×10^{-5}/a)	E	E	E	E	D

注：1. 表中的 A、B 和 C 区域是风险不可接受区域，需要采取更多措施降低风险。如果是落在 A 区，说明内在风险过高，要考虑重新设计或对设计进行审查和修订；如果是落在 B 区，必须新增工程措施；如果是落在 C 区，可以新增工程措施或适当的行政管理措施来降低风险。

2. E 区是可接受风险区域，不需要采取任何新的措施。

3. D 区是过渡区（ALARP 区域），风险基本上可以接受，但在合理和可行的情况下，应该尽可能采取更多措施来降低风险。

风险矩阵表附表　后果描述

序号	后果等级	安全健康	环境损害	商务损失	声誉影响
1	轻微	操作人员受伤但不损失工作日	泄漏至收集系统以内的地方	设备损失不超过 10 万元;或者设备或装置停产不超过 1 天	无
2	较重	操作人员需就医,损失工作日。 厂外人员需做包扎等处理	泄漏到收集系统以外的地方(数量较少且不超出企业界区)	设备损失超过 10 万元,但不超过 100 万元;或者设备或装置停产超过 1 天,少于或等于 1 周	无
3	严重	企业员工残疾伤害。 厂外人员需要就医,误工伤害	明显泄漏至企业外,并影响周围邻居,可能遭投诉	设备损失超过 100 万元,但少于 1000 万元;或者设备或装置停产超过 1 周,少于或等于 1 月;或者严重影响对特定客户的供应	会受到当地媒体关注
4	重大	厂内 1~2 人死亡。 厂外人员残疾伤害	明显影响环境,但短期内可以恢复	设备损失超过 1000 万元,少于或等于 5000 万;或者设备或装置停产超过 1 个月,少于或等于 6 个月;或影响市场份额	会受到省级媒体关注
5	灾难性	厂内 3 人或以上死亡。 厂外人员 1 人或以上死亡	对周围社区造成长期的环境影响,会导致周围居民大面积应急疏散或带来严重健康影响	设备损失超过 5000 万;或者设备或装置停产超过 6 个月;或者可能失去市场	会受到国家级媒体关注

附录3　常见初始原因及其频率

表1　不含人员操作失误

序号	初始原因	文献数据/(1/a)	SqHAZOP使用的频率数据/(1/a)
1	基本工艺控制系统(BPCS)的仪表回路故障	$1\sim10^{-2}$	1×10^{-1}
2	调节器故障	$1\sim10^{-1}$	1×10^{-1}
3	垫片或密封填料损坏喷出	$10^{-2}\sim10^{-6}$	1×10^{-2}
4	泵的密封破裂导致泄漏	$10^{-1}\sim10^{-2}$	1×10^{-1}
5	卸料或装料软管破裂导致泄漏	$1\sim10^{-2}$	1×10^{-1}
6	常压储罐泄漏	$10^{-3}\sim10^{-5}$	1×10^{-3}
7	管道小泄漏(10%管道截面积泄漏,每100m管道)	$10^{-3}\sim10^{-4}$	1×10^{-3}
8	管道大泄漏(管道断裂,每100m管道)	$10^{-5}\sim10^{-6}$	1×10^{-5}
9	安全阀意外开启	$10^{-2}\sim10^{-4}$	1×10^{-2}
10	冷却水供应中断	$1\sim10^{-2}$	1×10^{-1}
11	工艺单元的供电中断	$1\sim10^{-1}$	1×10^{-1}
12	小型外部火灾(考虑了各种原因的综合结果)	$10^{-1}\sim10^{-2}$	1×10^{-1}
13	大型外部火灾(考虑了各种原因的综合结果)	$10^{-2}\sim10^{-3}$	1×10^{-2}
14	第三方干扰(如车辆撞击)	$10^{-2}\sim10^{-4}$	1×10^{-2}
15	遭受雷击	$10^{-3}\sim10^{-4}$	1×10^{-3}

表2　人员操作失误

序号	初始原因	SqHAZOP使用的频率数据/(1/a)	备注
1	应急操作:操作人员接受过良好的培训,但在有压力的情况下操作	1×10^{0}	应急状态下的操作
2	正常操作:操作人员接受过良好的培训,在没有压力的情况下操作	1×10^{-1}	正常生产操作
3	双人复核:操作人员接受过良好的培训,在没有压力的情况下操作,并有他人独立复核(即双人复核)	1×10^{-2}	复核的另一个人宜为基层管理人员,例如当班的班长

附录4 常见保护层响应失效率数据

独立保护层	说明	响应失效率(PFD)
本质安全设计	采用本质上更加安全的设计	1×10^{-2}
基本工艺控制(BPCS)	是指 DCS 或 PLC 整个回路的综合失效率	1×10^{-1}
泄压装置	放空管、安全阀、爆破片和泄爆板等	1×10^{-2}
冗余设备	与当前在役设备或装置在规格和工艺功能上相同	1×10^{-1}
围堰	收集泄漏出来的物料，避免造成严重后果	1×10^{-2}
地下排放系统	其作用与围堰相当	1×10^{-2}
防爆墙或掩体	限制爆炸能量、保护设备和建筑物等	1×10^{-3}
阻火器或隔爆器	阻火器：防止回火。隔爆器：防止粉尘燃爆蔓延	1×10^{-2}
SIL-1 联锁	SIL-1 的安全仪表联锁回路	1×10^{-1}
SIL-2 联锁	SIL-2 的安全仪表联锁回路	1×10^{-2}
SIL-3 联锁	SIL-3 的安全仪表联锁回路	1×10^{-3}
SIL-4 联锁	SIL-4 的安全仪表联锁回路	1×10^{-4}
操作人员响应关键报警	操作人员在 10min 内响应关键报警	1×10^{-1}
操作人员响应 BPCS 报警	操作人员在 40min 内响应 BPCS 报警	1×10^{-1}

附录5 自动阀门故障模式审查表

序号	阀门编号	工艺单元	P&ID 图号	介质	相关设备	当前故障模式	建议的故障模式
1	XV01.101	反应预处理	0100-101A，Rev.1	原料 A	V-101	FC	FC
2	XV01.102	反应预处理	0100-101A，Rev.1	原料 B	V-101	FC	FC
3	XV01.106	反应预处理	0100-101A，Rev.1	氮气	V-101	FC	FO
	（以下略）						

附录6 以往事故回顾记录表

序号	事故简单描述	事故直接原因	建议项编号	建议项	备注
1	盐酸管道(20%的盐酸)的法兰处发生过盐酸泄漏,泄漏导致局部停车,要求抢修	盐酸管道法兰的垫片腐蚀	IR-1	在本项目的稀盐酸管道均使用聚四氟乙烯(PTFE)垫片	根据工厂之前的经验,聚四氟乙烯垫片适宜于这种工况
2	(以下略)				
3					
4					
5					

附录7 设施布置分析检查表

序号	检查项目说明	存在的危害或问题	建议项类别	建议项编号	建议项	备注
A	综合项					
A-1	工厂大门、出入口、人行道的危害					
A-2	临近工艺设施对本装置的危害或威胁的评估					
A-3	对第三方的影响(大的泄漏、扩散相关的风险)					
A-4	控制室的位置和建造:窗户是否面对工艺区域?周围是否有高危害设施					
A-5	维修间的位置					
A-6	变电站的位置					
A-7	马达控制中心(MCC)的位置					
A-8	铁路的位置(如果有铁路)					
A-9	运输车辆的道路(槽车、叉车及货车)					
A-10	工程、实验室/分析室、行政及其他建筑物的位置					
A-11	邻近生产单元的设施(包括工厂以外的设施)					
B	工艺设施					
B-1	主要工艺放空点、厂界排放点和安全释放装置					
B-2	放空系统是否有防止有害物质聚集的功能(包括位于室内的放空和室外的放空)					
B-3	空调或风机等新鲜空气的吸入口/隔离					
B-4	重要设备的机械完整性检查、标定、取样、维护和维修所需要的通道					

续表

序号	检查项目说明	存在的危害或问题	建议项类别	建议项编号	建议项	备注
B-5	考虑了极端寒冷和积雪，以及其他自然灾害的因素（如地震、台风等）					
B-6	紧急情况下，是否可以方便地通过手动方式安全停车					
B-7	应急通道：前往应急操作阀门、紧急停车开关的通道是否可用					
B-8	重要管道、容器、管架、控制电缆等，是否会被车辆、叉车和桁车等撞坏					
B-9	泄漏/破裂的监测系统的报警，是否设置在适当地点					
B-10	减少占据：尽可能减少危险区域的人员停留					
C	储存设施					
C-1	大量储存设施（储罐）的位置					
C-2	禁忌物的储存					
C-3	安全距离：储罐之间的距离、与工艺设施的距离、与建筑物之间的距离					
C-4	储罐区二次泄漏控制与收集系统					
C-5	装卸区域的布置，考虑槽车的进出、转弯或掉头					
C-6	装卸区域的标识和照明					
C-7	装卸区域的二次泄漏控制与收集系统					
C-8	可燃或有毒气体探测仪是否设置在适当地点？报警信号是否送到能及时接收的地点					
C-9	消防通道和其他应急处理通道					
C-10	紧急阀门的位置：在紧急情况下是否能安全靠近操作					
C-11	使用活性炭吸附尾气，是否有预防着火的措施					

附录8　人为因素分析检查表

序号	检查项目说明	存在的危害或问题	建议项类别	建议项编号	建议项	备注
A	设备					
A-1	控制屏、管道、阀门等有清晰的标识或用颜色区别					
A-2	重要的应急操作阀门与其他普通阀门有明显的区别					
A-3	频繁操作的阀门和仪表，便于靠近操作					
A-4	设备设计和安装是否考虑了人体工学的要求？对于困难的人工作业，设计时考虑了机械助力					

续表

序号	检查项目说明	存在的危害或问题	建议项类别	建议项编号	建议项	备注
A-5	关联作业任务:设备布置考虑了操作人员在设备间往返所需的时间					
B	控制					
B-1	统一的单位制:所有的参数显示都采用同一单位制					
B-2	容易区分关键的安全报警与其他报警?声或光报警,在生产区域可以听见或看见?操作人员有足够的时间响应工艺安全相关的报警					
B-3	安全联锁的设置和旁路,是否需要授权?是否有授权的制度					
B-4	操作人员是否接受应急操作培训(如模拟操作)					
C	操作程序					
C-1	有正常开停车、正常生产和紧急开停车等各个阶段的操作程序。操作程序说明了操作的范围、超出安全操作范围的后果及应急操作指南					
C-2	操作程序简单易用,对操作的要求有清晰的描述。说明了避免暴露于危险物料的工程措施和行政管理措施					
C-3	对于高风险的操作,使用检查表,有主管指导或他人协作					
C-4	操作人员有足够的时间来完成所分配的任务					
C-5	需要隔离能量或危险物料的操作,是否执行上锁挂牌制度					
D	工作环境					
D-1	噪声水平是否超标?是否需要新的措施					
D-2	建筑物内有控制极端高温或极端低温的措施					
D-3	照明满足安全作业的要求					
D-4	操作过程中,是否需要特殊的个人防护用品					
D-5	操作过程中,是否会受到第三方干扰					
E	行政管理					
E-1	遇到意外的操作问题时,操作人员可以从主管处或适当的渠道获得技术支持					
E-2	交接班时,有充分的交流与沟通(口头和书面交接)					
E-3	没有过度的超时工作(疲劳作业)					
E-4	操作人员接受充分的培训,并有胜任评估机制					
E-5	操作人员有途径提出建议或反馈改进意见					

附录9　典型事故案例

本附录中包含四起典型的过程安全事故，它们的直接原因都很有代表性。

一、膨胀节破裂导致的化学品泄漏与爆炸事故

这起事故发生在英国弗利克斯巴诺（Flixborough）的工厂。1974年6月1日下午，一套环已烷氧化装置发生泄漏，泄漏液体气化产生蒸气云。蒸气云与空气混合，形成爆炸性混合物，遇到引火源发生爆炸。这起事故导致工厂员工28人死亡、36人受伤，周围社区也有数百人受伤。爆炸摧毁了工厂的控制室及临近工艺设施。

发生事故的工艺装置包括六个串联的反应器。

在事故发生前，需要对第5级反应器进行维修。为了继续维持工厂生产，决定用一条直径20in（0.508m）的临时管道连接第4级和第6级反应器，临时管道与反应器之间用膨胀节相连接，并用脚手架支撑起临时管道（如附图9-1与附图9-2所示）。

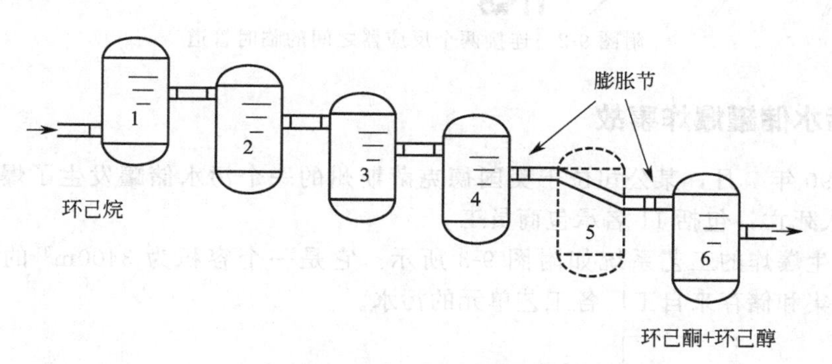

附图9-1　六个串联的反应器

1974年6月1日下午16点53分，临时管道上的膨胀节突然破裂，在极短时间内，泄漏了数十吨易燃液体，形成一个直径约200m的蒸气云团，随后发生爆炸。

爆炸造成附近控制室内的18名操作人员、现场的9名操作人员和1名送货司机死亡。

导致本次事故的直接原因，是临时安装在管道上的膨胀节破裂了。这是一起典型的、因机械完整性失效（管道机械故障）而导致的事故。

设备或管道发生机械故障，是导致过程安全事故的常见的直接原因。在HAZOP分析时，需要考虑这类直接原因导致的事故情景。

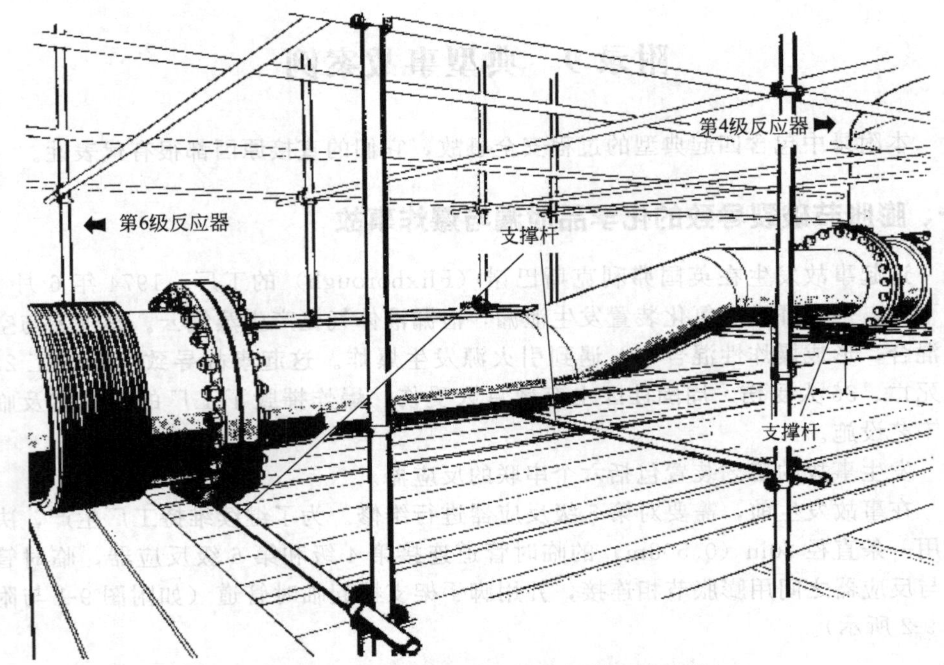

附图 9-2　连接两个反应器之间的临时管道

二、污水储罐爆炸事故

1990 年 7 月，某公司位于美国德克萨斯州的一个污水储罐发生了爆炸，导致 17 人死亡，包括 11 名承包商员工。

发生爆炸的工艺系统如附图 9-3 所示。它是一个容积为 3400m³ 的污水储罐，收集和储存来自工厂各工艺单元的污水。

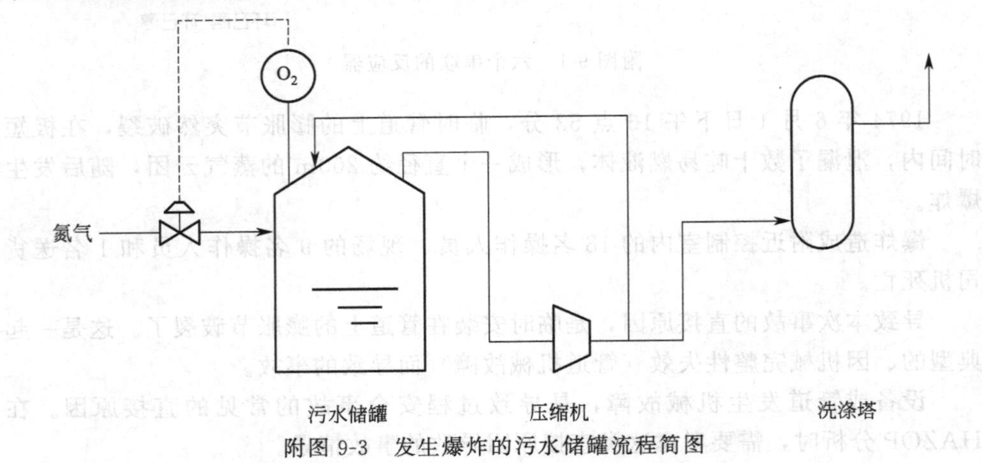

附图 9-3　发生爆炸的污水储罐流程简图

用一台压缩机将储罐内的溶剂蒸气送到洗涤塔去处理，压缩机的出口有一条连接污水储罐气相空间的回流管。考虑到在储罐内有易燃溶剂蒸气，为该储罐设计了氮封：在储罐上安装了氧含量分析仪，用来控制进入储罐的氮气量。

在本次事故发生前，刚完成了压缩机维修任务，准备重新启动。在启动压缩机之前，操作人员通过氧含量分析仪，检查了罐内的氧气浓度，然后启动压缩机，但随即发生了爆炸，爆炸将整个储罐夷为平地，造成重大人员伤亡。

事故调查表明，污水储罐仅有的那个氧含量分析仪出了故障。当时储罐内存在足够的空气（氧气），与易燃蒸气混合形成了爆炸性混合物，开动压缩机时产生了可以引燃这些爆炸性混合物的引火源。

导致本次事故的直接原因，是污水储罐上的氧含量分析仪出了故障，储罐在投入使用时，罐内的爆炸性混合物被引燃。这是一起因仪表故障而导致的过程安全事故。

仪表故障是导致工况偏离、并进而导致过程安全事故的常见原因。在HAZOP分析时，应识别、评估因仪表故障导致的各种值得关心的事故情景。

三、操作人开错阀门导致易燃液体泄漏和爆炸事故

2004年4月23日，美国一家PVC工厂发生了爆炸事故，并引起火灾。事故导致5人死亡和3人重伤。爆炸损坏了几乎整个反应工段和邻近的仓库。周围居民紧急疏散。

据事故调查的结论，如附图9-4所示，在事故发生前，操作人员清洗了反应器D-306，计划将清洗水从其底阀排出。他下楼前往底阀处时，本来应该往左转，前往反应器D-306。但他实际上是往右转，到了反应器D-310的底阀处。

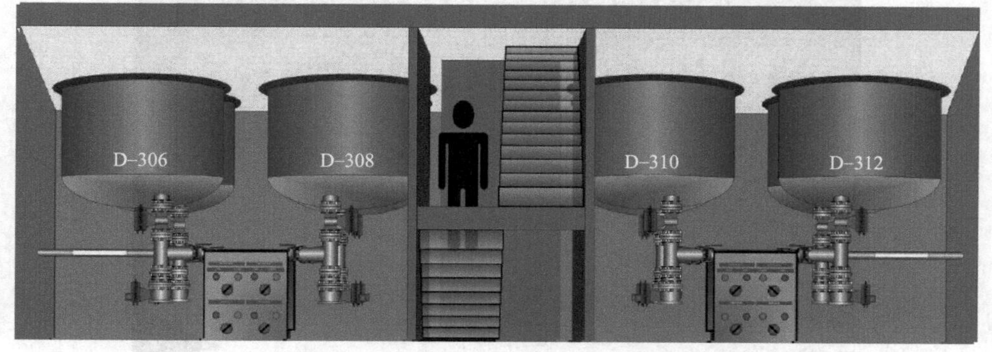

附图9-4　操作人员前往反应器的底阀处

当操作人员打开反应器D-310的底阀时，没有物料排出，因为在底阀上游还有一个开关阀，此时该阀门处于关闭状态。此开关阀与反应器内压力有联锁关系，反应器内压力超过设定值时，打不开这个阀门，除非给它连接上应急仪表空

气（如附图 9-5 所示）。

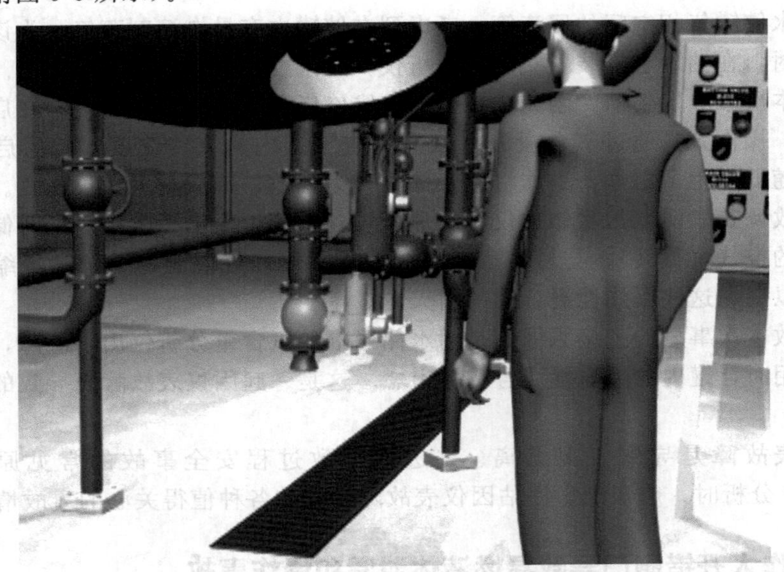

附图 9-5　底阀上游有一个开关阀

调查人员推测，操作人员为这个开关阀连上了应急仪表空气，把它的联锁旁路了，这样，开关阀就被打开了。反应器 D-310 内带压的易燃液体（氯乙烯）快速泄漏到车间内，与空气混合，形成爆炸性混合气体（如附图 9-6 所示），随后发生了爆炸。

附图 9-6　易燃液体大量泄漏至车间内

操作人员在日常生产运行中，出现操作错误是难免的。在 HAZOP 分析时，要对一些关键操作失误的情形加以分析，采取必要措施帮助操作人员尽可能避免出错，而且，即使操作人员真出错了，也还应该有其他安全措施防止出现严重的后果。

四、印度博帕尔(Bhopal)化学品泄漏事故

1984 年 12 月 3 日，发生在印度博帕尔的甲基异氰酸酯（Methyl Isocyanate，MIC）泄漏事故，是迄今为止造成人员伤亡后果最严重的一起过程安全事故。

MIC 是一种毒性很强的化学品。在这起事故中，从一个储罐泄漏了约 25t MIC，造成大量人员和牲畜死亡，具体的死亡人数难以统计。有报道指出，当地 80 万人口中有约 20 万人暴露于有毒气体中，在事故发生后的两天内，有约 5000 人死亡，最终的死亡人数可能有 2 万人，另有 6 万余人需接受长期治疗（印度政府在 1991 年公布的一份报告中称，本次事故导致了 3800 多人死亡和 11000 余人残疾）。

如附图 9-7 所示，在事故发生的当天下午，维修人员尝试用水反冲洗 MIC 储罐进料管道上的一个过滤器。在用水反向冲洗过滤器之前，作业程序要求关闭该管道上的阀门，并在“隔离法兰”处安装盲板。在开始这些工作之前，维修人员还需要申请并获得作业许可证。

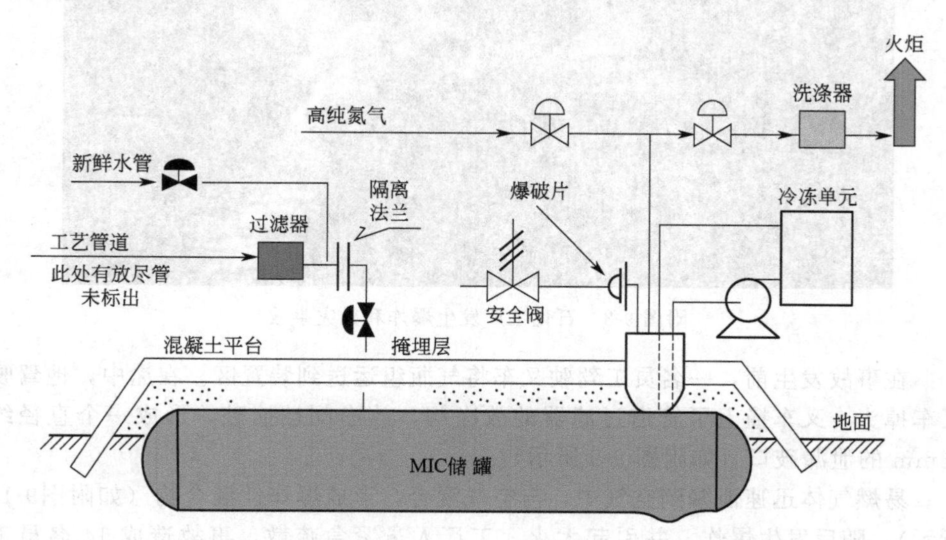

附图 9-7　博帕尔（Bhopal）MIC 储存系统的工艺流程简图

实际情况是，维修人员没有申请作业许可证、没有通知操作人员、也没有安装盲板隔离。他们认为，只要关闭工艺管道上的阀门，就可以对过滤器进行反冲洗。不幸的是，由于过滤器下游的阀门发生了内漏，在反冲洗过滤器的过程中，冲洗水经该阀门进入了 MIC 储罐。水进入储罐后，与其中的 MIC 发生放热反

应，储罐内的温度和压力均升高。

凌晨 00 点 45 分，储罐超压、安全阀起跳，大量 MIC 泄漏到周围环境中。在 2h 内，约 25t MIC 进入大气中，工厂下风向 8km 区域内的人，都暴露在泄漏的化学品中，短时间内造成居民大量伤亡。

造成这起事故的原因是多方面的。不当的维护作业和阀门内漏导致冲洗水进入 MIC 储罐，进而造成储罐超压和灾难性的后果。在开展 HAZOP 分析时，需要识别因维护或维修等非常规操作而导致的事故情景。

五、外力撞击导致的泄漏与火灾事故

2005 年 10 月 6 日，美国一家石化工厂发生了一系列爆炸和火灾事故。爆炸造成两人重伤，燃烧的火苗有 150m 之高（如附图 9-8 所示）。

附图 9-8　石化工厂发生爆炸和火灾事故

在事故发生前，一名员工驾驶叉车将气瓶组运送到装置区。在途中，他驾驶叉车掉头，叉车撞上了管道过滤器的放净阀，放净阀被撞破，形成一个直径约 48mm 的泄漏破口（如附图 9-9 所示）。

易燃气体迅速泄漏到空气中，与空气混合，形成爆炸性混合物（如附图9-10 所示），随后发生爆炸，并引起大火。工厂人员紧急疏散，事故造成 14 名员工轻伤。

本次事故导致工厂停产了 5 个多月，经济损失巨大。

这是外力影响造成过程安全事故的典型例子。在装置区，对于可能遭受车辆（包括叉车、槽车或其他交通工具）撞击损坏的重要设备、管道和仪表等，应该有措施防止车辆靠近，或者设置防撞装置，保护它们免遭外力损坏。

附图 9-9　管道过滤器的放净阀被撞破

附图 9-10　易燃气体从撞破的放净阀处迅速泄漏到空气中

附录10 应急处置方案表（举例）

<table>
<tr><td>应急处置方案
文件号：ERP-xxx，版本号：0.</td><td colspan="2">ERP-xxx
应急处置方案的标题</td><td>批准：（批准人签名）
日期：xxxx年xx月xx日</td></tr>
<tr><td colspan="4">策略　在此处，说明本事故情景应急处置的基本策略和关键要点</td></tr>
<tr><td>第一响应者</td><td>响应行动</td><td>应急设备/工具/材料/个人防护用品</td><td>注意事项</td></tr>
<tr><td>现场人员</td><td>记录现场人员应该采取的行动</td><td>列出各个响应行动需要使用的应急设备、工具、材料和个人防护用品</td><td>说明现场人员在执行响应行动时，需要注意的事项，包括自我防护及防止事态恶化的注意事项等</td></tr>
<tr><td>第二响应者</td><td>响应行动</td><td>应急设备/工具/材料/个人防护用品</td><td>注意事项</td></tr>
<tr><td>现场指挥员</td><td>记录各应急响应人员采取的行动(下同)</td><td>列出各个响应行动需要使用的应急设备、工具、材料和个人防护用品(下同)</td><td>说明各响应人员在执行响应行动时，需要注意的事项，包括自我防护及防止事态恶化的注意事项等</td></tr>
<tr><td>DCS操作人员</td><td></td><td></td><td></td></tr>
<tr><td>应急反应小组</td><td></td><td></td><td></td></tr>
<tr><td>事故管理小组组长</td><td></td><td></td><td></td></tr>
<tr><td>第三响应者</td><td>响应行动</td><td>应急设备/工具/材料/个人防护用品</td><td>注意事项</td></tr>
<tr><td>公司消防队</td><td>记录响应人员将采取的行动</td><td>列出需要的应急设备、工具、材料和个人防护用品</td><td>说明各响应人员在执行响应行动时，需要注意的事项，包括自我防护及防止事态恶化的注意事项等</td></tr>
<tr><td>政府消防队</td><td>记录消防人员将采取的行动</td><td>列出需要的应急设备、工具、材料和个人防护用品</td><td>说明各响应人员在执行响应行动时，需要注意的事项，包括自我防护及防止事态恶化的注意事项等</td></tr>
<tr><td>事故潜在危险</td><td colspan="3">预测本事故情形可能发生的变化和潜在的主要危害</td></tr>
<tr><td>其他考虑</td><td colspan="3">在执行应急处置时，需要考虑的其他重要因素</td></tr>
</table>

附录 11　HAZOP 分析常见问答

一、HAZOP 分析和过程危害分析是什么关系？

过程危害分析是过程安全管理系统的一个管理要素。对于具体的工艺装置而言，它也可以是一项工作任务，目的是识别工艺装置（或工艺系统）中的主要危害，并确保有适当的措施将运行风险降低到可以接受的水平。

开展过程危害分析有多种方法，HAZOP 分析方法是其中之一，也是很常用和非常有效的一种过程危害分析方法。

简言之，过程危害分析是要完成的任务，HAZOP 分析是完成这项任务的方法之一。

我们通常说的“做 HAZOP 分析”，其本意是用 HAZOP 分析方法开展过程危害分析。

二、HAZOP 分析工作应该由哪个部门负责？

无论是新建项目，还是在役的工艺系统，在开展过程危害分析或复审时，通常 HAZOP 分析都是其主要工作内容。

对于新建的、危害较大的工艺装置，项目负责人（如项目经理）是过程危害分析的总负责人，应该准备好必要的资源，按期完成这些新建工艺装置的过程危害分析（含 HAZOP 分析的内容）。

对于在役工艺装置，厂长或装置经理是过程危害分析复审的总负责人。在复审期间，要对之前完成的 HAZOP 分析开展复审，或重新进行 HAZOP 分析。

安全、工程、技术、生产和维护维修等相关部门应该安排专业人员参与 HAZOP 分析，为此项工作提供技术上的支持。

三、应该在什么时候开展 HAZOP 分析？

从工艺装置的整个生命周期上来看，原则上应该尽早开展过程危害分析。比较常见的，是在详细设计阶段开展 HAZOP 分析。

对于新建工艺装置，有了相关的文件图纸资料，就具备了开展 HAZOP 分析的条件，此时，宜尽早开展分析工作。通常在第一版 P&ID 图纸完成后，就可以开展 HAZOP 分析工作。尽早开展工作，可以及时发现问题并采取行动，如果设计中存在缺陷，越早修改，代价最小，对于项目工期的影响也可以降到最小。

对于在役工艺装置，可以根据过程危害分析复审的时间要求和复审计划，安排 HAZOP 分析工作。

四、对 HAZOP 分析组长有什么资质要求吗？

HAZOP 分析组长对于高质量、按期完成整个分析工作起到非常重要的作用。HAZOP 分析是一个技术性的工作过程，目前在国、内外，没有法规要求 HAZOP 分析组长必须持证工作。

一些机构或公司在提供 HAZOP 分析培训时，会向学员颁发培训证书，这些证书不是资质证书，仅代表该学员接受了相关的培训（接受过正规培训只是成为合格、胜任的 HAZOP 分析组长的一个必要条件）。

各个企业可以根据自己的情况，也可以参考本书第六章第四节的内容，明确本企业对 HAZOP 分析组长的基本要求。虽然对 HAZOP 分析组长没有取证的要求，但是工作本身对他（她）提出了极高的要求，例如必须有足够的工程经验和知识、对风险及其控制有深刻的理解、对本公司的风险控制策略及要求非常清楚、不但接受过系统的 HAZOP 培训，而且应该有参与过 HAZOP 分析的实际经验等等。

如果只是从书本上了解到 HAZOP 分析的一些基础知识，或接受过简单的培训，就承担分析组长的职责，对于企业和本人，这都是非常有害的事情。

五、我们企业有好几套工艺装置都需要开展 HAZOP 分析，必须请外部专家来担任组长吗？

HAZOP 分析的组长，可以临时聘请外部专家（如专业咨询公司的顾问），也可以由本企业的管理人员或工程师担任。如果本企业中有合格的组长人选，就不必聘请外部专家。

反之，如果本企业确实没有合适的组长人选，聘请外部专家担任分析组长也是一种不错的选择。外部专家担任分析组长也有好处，首先，外部专家是专业从事这方面工作的人，实际经验通常比较丰富，对于分析工作的质量和进度都比较有保障；其次，作为第三方专家，在分析讨论过程中，外部专家通常更容易秉持公正、客观的立场，不会轻易在一些棘手但必须解决的问题面前妥协。

六、HAZOP 分析组长对需要分析的工艺装置不熟悉，可以担任该装置的分析组长吗？

如果是经验丰富的 HAZOP 分析组长，完全是可以的。HAZOP 分析组长的主要任务是引导分析团队开展分析讨论，只要分析团队中有其他成员熟悉所分析的工艺装置，即使组长之前对此装置不够了解，通常也不会影响分析工作的质量。

重要的是，分析组长对于HAZOP分析方法要很熟悉，并且有开展HAZOP分析的实际经验，能带领分析团队展开有效的分析讨论（请参考本书第六章第四节的内容）。

七、开展HAZOP分析时，哪些人应该参加？

HAZOP分析小组通常5～8人为宜。小组成员中要有人熟悉所要分析的工艺系统，要有人熟悉HAZOP分析方法。特别是要有经验丰富的生产和维修人员。

在小组中，一般会有工艺、生产、设备、维修、自控和安全等专业的代表。如果是新建的精细化工项目，通常要邀请研发人员参加，此外，宜邀请一线生产操作的代表（如操作班长和资深操作员）参加。

八、HAZOP分析必须开会讨论吗？

HAZOP分析需要由一个团队共同完成。团队中包括各相关的专业人员。单个人使用引导词对工艺系统做分析，不能称之为HAZOP分析。

各个专业的代表一起开会讨论，集思广益，这是HAZOP分析的重要特征之一。

九、涉及危险化学品的工艺装置，已经投产很久了，也没有出过严重的事故，目前没有合适的P&ID图纸，是否可以开展HAZOP分析工作？ 是否可以采用DCS或PLC中的工艺流程画面开展HAZOP分析？

涉及危险化学品的工艺装置，运行了很久没有出现过严重的事故，不代表运行过程风险水平低。很有必要及时开展HAZOP分析，识别出主要的过程危害，防止出现灾难性的事故。

严格上讲，如果没有准确反映安装情况的P&ID图纸，就不能开展HAZOP分析。因此，首要任务是要编制好P&ID图纸，并准备好其他一些必要的过程安全信息资料（请参考本书第六章第六节：HAZOP分析的准备工作），然后，尽快组织工艺装置的HAZOP分析。

不能采用DCS或PLC的工艺流程画面开展HAZOP分析！这些画面只包括工艺系统的基本梗概，缺乏足够的信息来支撑HAZOP分析。在开展HAZOP分析之前，还是需要花时间把P&ID图纸准备好，磨刀不误砍柴工！

十、工艺系统中有危险反应过程，生产运行好几年了，对反应危害不是特别清楚，是否可以开展此反应过程HAZOP分析？

开展HAZOP分析时，需要有足够的过程安全信息资料。对于放热反应，如果对反应的放热情况不了解，也可以开展 HAZOP 分析，但在分析过程中，分析小组会要求装置负责人弄清楚反应放热的情况，根据它采取进一步的行动。

正常的做法，是先准备反应相关的资料，弄清楚反应的机理（包括通过实验检测反应放热的情况），然后开展 HAZOP 分析，这样才能确保分析工作的质量。

十一、如何估计 HAZOP 分析会议所需的时间？

根据经验，通常每天可以完成 2～6 张连续工艺流程的 P&ID 图，或 1～3 张间歇工艺流程的 P&ID 图纸，这只是很粗略的估计。

开展 HAZOP 分析所需要的时间受较多因素影响，包括工艺过程内在危害大小、分析范围（是否也分析那些影响生产的异常情形）、小组成员的经验和图纸文件的质量等。

因此，较难简单地以每天完成多少张 P&ID 图纸来准确衡量 HAZOP 分析所需的时间。在开展 HAZOP 分析时，应该准备足够充分的时间。

十二、HAZOP 分析时，应该采用定性的方法，还是半定量的方法？

在早期，HAZOP 分析都是定性的。最近几年，半定量的分析方法在欧美一些跨国化工企业中获得了较广泛的应用。

半定量的分析过程更加严谨，分析工作的质量明显优于定性分析。企业可以根据自己的实际情况，决定采用何种分析方法。从发展趋势上看，半定量分析会越来越受到大家的青睐。

十三、开展 HAZOP 分析时，需要评估风险大小，但我们企业没有自己的风险标准（风险矩阵），怎么办？

开展 HAZOP 分析之前，要确定所依据的风险标准。倘若本企业还没有相关的标准，可以参考行业中同类企业的标准，并结合本企业的实际情况，建立本企业的风险标准，编制成风险矩阵。

本书附录 2 中的风险矩阵可供参考，也可以在该风险矩阵表的基础上适当修订，形成本企业的风险矩阵表。

十四、在 HAZOP 分析后，对 P&ID 图纸做了修订，是否需要用新版图纸替换分析报告中的图纸？

不能用新版的 P&ID 图纸替换分析报告中之前所附的 P&ID 图纸！

在 HAZOP 分析报告中，应该附上分析时所采用的 P&ID 图纸，并且一直与报告的正文一起保存。如果替换成新版图纸，图纸和报告正文的文字部分会不匹配。

十五、划分节点时，一个节点只能在同一张 P&ID 图纸上吗？

一个节点可以跨越多张 P&ID 图纸，一张 P&ID 图纸中也可能有几个节点。

划分节点是为了便于开展 HAZOP 分析，在开展 HAZOP 分析时，关键是要识别出工艺系统中那些值得关心的、主要的过程危害。划分节点的方式不是唯一的，对于同一套工艺装置，假如安排两个分析小组分别对它开展分析，在划分节点时，可能出现不同的划分方式，这并不妨碍分析工作。

划分节点无所谓对与错，不必对此过于纠结。

十六、开展 HAZOP 分析时，必须有本企业的员工参与吗？

有一种误解，误认为在 HAZOP 分析过程中，业主的代表可以不参与，完全由咨询机构、设计单位、评价机构或大专院校的人员包揽。

第三方机构从业主处获得图纸，然后在自己的办公地点完成分析，并提交分析报告。这是非常错误的做法！

另一种现象，是完全由设计人员去完成 HAZOP 分析工作，这种自己设计自己评审（既是运动员又是裁判员）的做法显然是不当的！

HAZOP 分析是团队的工作，分析团队中大部分的成员都应该是企业（业主）的人员，包括懂工艺、懂生产、懂维修、懂自控、懂设备等方面的专业工程师。

业主人员在参与 HAZOP 分析工程中，可以充分贡献自己的专业意见（包括对设计的一些特殊要求）、加深对工艺系统的理解，并及时参与设计修订的决策，对于 HAZOP 建议项的落实也非常有帮助。

十七、完成 HAZOP 分析后，是否可以用建议项被业主（或本企业内用户）采纳的多少（百分比）来衡量分析工作的质量？

衡量 HAZOP 分析质量的一个重要方面，要看是否识别了主要危害、是否对它们的风险水平有恰当的评估，在当前风险水平过高的情况下，是否提出必要的措施来降低风险。

建议项采纳的比例高（百分比），就认为分析工作质量好，反之，采纳得少，就以为分析工作质量差，这是最有害的一种误解之一！

HAZOP 分析的目的是识别危害并预防事故。提出多少建议项取决于两个方面：一是当前设计或安装的现状，如果设计本身较完善，需要的建议项就很少，反之，可能有很多甚至数百条改进设计的建议项。一是分析小组的能力，一个胜任的分析小组，会根据风险控制的需要，提出适当的建议项。

如果负责落实建议项的部门，自身安全意识不强，可以找出许多理由拒绝执行建议项（其后果可能是灾难性的）。假如将建议项的接纳率作为衡量 HAZOP 分析的工作质量，就会给分析小组带来巨大的压力，出现该提建议项时不提，特别是会回避那些在落实时需要较多努力和资源的建议项，因为它们很容易被执行者“拒绝落实”，这些建议项对于某些灾难性事故的预防，恰恰是至关重要的。

附录 12　本书中英文术语对照表

ACGIH, American Conference of Governmental Industrial Hygienists	美国政府工业卫生学家会议
ALARP, As Low As Reasonably Practicable	在合理可行的情况下尽量降低风险
ALOHA, Areal Locations of Hazardous Atmospheres	后果模拟软件名称
Bhopal	博帕尔，印度地名
BLEVE, Boiled Liquid Expansion Vapor Explosion	沸腾液体膨胀蒸气爆炸
BP	英国石油公司
BPCS, Basic Process Control System	基本工艺控制系统
CAS, Chemical Abstracts Service	美国化学文摘登记号
Checklist	安全检查表法
DCS, Distributed Control System	集散控制系统
EPA, Environmental Protection Agency	（美国）环保局
Flixborough	弗利克斯巴诺，地名
FMEA, Failure Mode and Effects Analysis	故障类型和影响分析
FSR, Facilities Siting Review	设施布置分析
FTA, Fault Tree Analysis	故障树分析
HAZOP, Hazard and Operability Study	危险与可操作性研究
HAZOPkit®	HAZOP 分析软件的名称
HFR, Human Factors Review	人为因素分析
ICI, Imperial Chemical Industries	帝国化学公司
IDLH, Immediately Dangerous to Life or Health	立即威胁生命和健康浓度
IPL, Independent Protection Layer	独立保护层
JHA, Job Hazard Analysis	作业危害分析
JSA, Job Safety Analysis	作业安全分析
MIC, methyl isocyanate	甲基异氰酸酯
MIE, Minimum Ignition Energy	最小引火能
MSDS, Material Safety Data Sheet	化学品安全技术说明书
NIOSH, National Institute For Occupational Safety And Health	（美国）国家职业安全与卫生研究院
Node	节点
OSHA, Occupational Safety and Health Administration	（美国）职业安全健康局

P&ID，Piping and Instrumentation Diagram	带控制点的管道仪表流程图
PFD，Probability of Failure on Demand	响应失效率
PFD，Process Flow Diagram	工艺流程图(PFD 图)
PLC，Programmable Logic Controller	可编程逻辑控制器
PSI，Process Safety Information	过程安全信息
PSM，Process Safety Management	过程安全管理系统
PSSR，Pre-Startup Safety Review	投产前安全审查
QRA，Quantitative Risk Analysis	定量风险评估
RRF，Risk Reduction Factor	风险消除系数
SFAIRP，So Far As Is Reasonably Practicable	在合理可行的情况下尽量降低风险
SIF，Safety Instrument Function	安全仪表功能
SIL，Safety Integrity Level	安全完整性等级
SIS，Safety Instrument System	安全仪表系统
SqHAZOP，Semi-quantitative HAZOP	半定量的 HAZOP 分析
TWA，Time Weighted Average	时间加权平均值
What-if	如果……会怎么样？提问法

参考文献

[1] AQ/T 3034—2010 化工企业工艺安全实施导则.

[2] GB 50779—2012 石油化工控制室抗爆设计规范.

[3] U. S. Department of Labor and Occupational Safety and Health Administration. Process Safety Management, OSHA 3132. 2000.

[4] U. S. Department of Labor and Occupational Safety and Health Administration. Process Safety Management Guidelines for Compliance, OSHA 3133. 1994.

[5] Centre for Chemical Process Safety (CCPS). Layer of Protection Analysis, SIMPLIFIED PROCESS RISK ASSESSMENT. New York: American Institute of Chemical Engineers, 2001.

[6] Centre for Chemical Process Safety (CCPS). Guidelines for chemical process quantitative risk analysis. 2nd ed. New York: John Wiley &Sons, 2000.

[7] Lees F P. Loss prevention in the process industries-Hazard identification, assessment and control. Volume 3, Appendix 1, Butterworth Heinemann, ISBN 0 7506 1547 8, 1996.

[8] Dennis C Hendershot. Safety Through Design in the Chemical Process Industry: Inherently Safer Process Design//Presentation at the Benchmarks for World Class Safety Through Design Symposium, August 19-20, 1997.

[9] Dennis C Hendershot. An Overview of Inherently Safer Design//Presentation at the 20th Annual CCPS International Conference, April 11-13, 2005.

[10] Trevor Kletz. FLIXBOROUGH-20 YEARS AFTER//2nd Biennial Canadian Conference on Process Safety and Loss Prevention.

[11] Shakeel Kadri. The Bhopal Incident-presentation to Chinese Engineers in Shanghai. September 2003, Air Products & Chemicals Inc.

[12] U. S. Chemical Safety And Hazard Investigation Board. Investigation Report, REPORT NO. 2004-10-I-IL, VINYL CHLORIDE MONOMER EXPLOSION, March 2007.

[13] U. S. Chemical Safety And Hazard Investigation Board. Investigation Report, REPORT NO. 2003-13-I-LA, CHLORINE RELEASE, August 2005.

[14] U. S. Chemical Safety And Hazard Investigation Board. Investigation Report, REPORT NO. 2008-3-I-FL, T2 LABORATORIES, INC. RUNAWAY REACTION, September 2009.

[15] U. S. Chemical Safety And Hazard Investigation Board. Investigation Report, Case Study 2006-01-I-TX, Evaluating Process Hazards. January 2006.

[16] ALOHA®: Areal Locations of Hazardous Atmospheres. USER'S MANUAL/February 2006.

[17] 粟镇宇. 工艺安全管理与事故预防. 北京：中国石化出版社，2007.

[18] 李强. HAZOPkit®分析软件用户操作手册，V. 10. 杭州：杭州豪鹏科技有限公司，2014.